山西省自然资源厅专项资金成果
全国地质遗迹立典调查与评价项目成果

山西地质公园

SHANXI DIZHI GONGYUAN

李屹峰 雷 勇 闫冰华 等编著

中国地质大学出版社
ZHONGGUO DIZHI DAXUE CHUBANSHE

图书在版编目(CIP)数据

山西地质公园/李屹峰等编著. —武汉:中国地质大学出版社,2019.6

ISBN 978-7-5625-4567-5

Ⅰ. ①山…
Ⅱ. ①李…
Ⅲ. ①地质-国家公园-研究-山西
Ⅳ. ①S759.93

中国版本图书馆 CIP 数据核字(2019)第 110014 号

山西地质公园	李屹峰　雷勇　闫冰华　等编著

责任编辑:张旭	选题策划:张旭　毕克成	责任校对:徐蕾蕾

出版发行:中国地质大学出版社(武汉市洪山区鲁磨路 388 号)　　邮编:430074
电话:(027)67883511　　传真:(027)67883580　　E-mail:cbb@cug.edu.cn
经销:全国新华书店　　　　　　　　　　　　　　　　　http://cugp.cug.edu.cn

开本:880 毫米×1 230 毫米　1/16　　　　　字数:737 千字　　印张:23.25
版次:2019 年 6 月第 1 版　　　　　　　　　印次:2019 年 6 月第 1 次印刷
印刷:湖北睿智印务有限公司　　　　　　　　印数:1—1 000 册

ISBN 978-7-5625- 4567-5　　　　　　　　　　　　　　　　　　定价:278.00 元

如有印装质量问题请与印刷厂联系调换

《山西地质公园》编辑委员会

主　　任：周建春
副 主 任：武耀文　赵勤正
编　　委：（排名不分先后）
　　　　　李明亮　潘俊刚　王　满　曲　军　靳陆晨
　　　　　李　锐　李广渊　李屹峰　温丽荣

主　　编：李屹峰
执行主编：雷　勇
编　　撰：李屹峰　雷　勇　闫冰华　张　炜　石　辉
　　　　　成　强　贾士影　高建平　郜会东　白东升
　　　　　温丽荣　丁　玲　赵志强　邓晓愚

序

地质公园是以具有特殊地质科学意义、稀有的自然属性、较高的美学观赏价值、一定规模和分布范围的地质遗迹为主体，并融合其他自然景观与人文景观，需实施地质遗迹保护和生态环境保护，经政府行政主管部门组织专家审定正式批准授牌的一种保护区域。它既是开展地质科学研究与科学知识普及的重要基地，也是人们观光旅游、休闲度假、文化娱乐的理想去处。中国的地质公园建设是响应联合国教科文组织关于建立"世界地质公园网络体系"的倡议，落实国务院关于加强地质遗迹保护要求，于2000年开始由国土资源部主持组织实施的一项重要工作。自2001年国土资源部批准首批国家地质公园至今，我国地质公园建设取得了丰硕成果。至今全国已成功申报世界地质公园39处，建立国家地质公园214处、省级地质公园340多处。此外，全国还建立国家矿山公园88处、国家级重点保护古生物化石集中产地53处。

山西省位于我国华北的黄土高原之上，在这里演绎的地球故事，刻录在了每一寸土地上。在32亿年的地质历史长河中，由于地球内外应力的作用，遗存下极其丰富、珍贵、独特而优美的地质遗迹资源。迄今为止山西省已发现3个大类、10类和24个亚类重要地质遗迹343处，其中世界级14处、国家级131处、省级198处。为保护这些珍贵的不可再生的地质遗迹资源，2001年至今，山西省已建立地质公园、古生物化石集中产地及矿山公园共计25处，为保护黄河壶口瀑布和黄河蛇曲等水体地貌景观，太行嶂石岩、碳酸盐岩等峰林峰丛、大峡谷及溶洞景观，以及古火山群、层型剖面和古生物化石产地世界级和国家级等地质遗迹资源，分别建立了黄河壶口瀑布、宁武冰洞、五台山、壶关太行山大峡谷、大同火山群、陵川王莽岭、平顺天脊山、永和黄河蛇曲、榆社古生物化石、右玉火山颈群10个国家地质公园；建立了临县碛口、泽州丹河蛇曲谷、沁水历山、阳城析城山、灵石石膏山、永济中条山水峪口、隰县午城黄土、原平天涯山、襄垣仙堂山9个省级地质公园；建立了长子木化石、宁武肯氏兽–硅化木、五台山滹沱系叠层石、榆社古生物化石 4 个国家级重点保护古生物化石集中产地；建立了大同晋华宫、太原西山采矿遗址 2 个国家矿山公园。

山西省自然资源厅组织编撰的《山西地质公园》，从资源价值、科学属性、自然风光、地史人文等方面，通过专业解读、科普介绍、图片展示等，向公众全面、系统、详实地推介了山西省的地质公园、古生物化石集中产地、矿山公园。这是山西省自然资源厅以实际行动贯彻落实习近平生态文明思想，积极推进山西省综合改革示范区的改革，建设富强民主文明和谐美丽新山西，以山西省黄河、长城、太行三大旅游板块为主体，推进全景旅游事业发展的积极举措。

周建春

2019 年 5 月

目 录

第 1 篇 国家地质公园

1 黄河壶口瀑布国家地质公园(山西) ……………………………………………… 3
2 宁武冰洞国家地质公园 …………………………………………………………… 21
3 五台山国家地质公园 ……………………………………………………………… 41
4 壶关太行山大峡谷国家地质公园 ………………………………………………… 63
5 大同火山群国家地质公园 ………………………………………………………… 89
6 陵川王莽岭国家地质公园 ………………………………………………………… 105
7 平顺天脊山国家地质公园 ………………………………………………………… 131
8 永和黄河蛇曲国家地质公园 ……………………………………………………… 155
9 榆社古生物化石国家地质公园(榆社国家级重点保护古生物化石集中产地) ……… 169
10 右玉火山颈群国家地质公园 ……………………………………………………… 187

第 2 篇 省级地质公园

11 临县碛口省级地质公园 …………………………………………………………… 201
12 泽州丹河蛇曲谷省级地质公园 …………………………………………………… 215
13 沁水历山省级地质公园 …………………………………………………………… 227
14 阳城析城山省级地质公园 ………………………………………………………… 243
15 灵石石膏山省级地质公园 ………………………………………………………… 253
16 永济中条山水峪口省级地质公园 ………………………………………………… 265
17 隰县午城黄土省级地质公园 ……………………………………………………… 284
18 原平天涯山省级地质公园 ………………………………………………………… 291
19 襄垣仙堂山省级地质公园 ………………………………………………………… 307

第 3 篇　国家级古生物化石集中产地

20　长子国家级重点保护古生物化石集中产地 ······ 319
21　宁武国家级重点保护古生物化石集中产地 ······ 329
22　五台山国家级重点保护古生物化石集中产地 ······ 335

第 4 篇　国家矿山公园

23　大同晋华宫国家矿山公园 ······ 349
24　太原西山国家矿山公园 ······ 355

附表　地质公园简表 ······ 359
附图　山西省地质公园分布图 ······ 360

主要参考文献 ······ 361

第 1 篇 国家地质公园

1 黄河壶口瀑布国家地质公园(山西)

1.1 公园概况

位　　置：临汾市吉县

地理坐标：东经 110°26′24.3″—110°28′44.3″
　　　　　北纬 36°03′59.7″—36°12′32.2″

面　　积：26.89km²

批准时间：2001 年 12 月

遗迹亚类：瀑布、河流景观带、断裂

景区划分：壶口瀑布景区、克难坡景区、中市
　　　　　景区和小船窝景区

1.2 地质地理概况

1.2.1 地理地貌概况

黄河壶口瀑布国家地质公园（山西）位于临汾市吉县，地处黄河中游，山西省黄土高原西南部，吕梁山南端。吕梁山沿黄河东岸延伸至吉县与蒲县交界处，分为两大支脉穿越县境，构成吉县三面环山一面濒水的地势。境内相对高差为1 400m，最高处为高天山，海拔为1 820.5m，最低处海拔为393.4m。吉县是典型的黄土高原沟壑山区，墚峁起伏，沟壑纵横交错，黄土丘陵约占全县面积的一半。主要山脉有高天山、人祖山（1 742.4m）、石头山（1 740m）、高祖山（1 509.1m）以及管头山（1 588m）等。

公园地处晋陕峡谷南段，地貌以河流峡谷与黄土丘陵为主，海拔450～900m。黄河干流河谷在公园内为峡谷地貌且最狭窄，河床宽20～300m，河底海拔为420～450m；河谷两侧基岩高耸，谷肩以上为黄土丘陵。分水岭残存少量黄土残塬，冲沟顶部及外侧为黄土墚及黄土峁，海拔700～900m。黄河支流沟谷深切，下游基岩裸露，上游为黄土深谷，崖高而陡，沟窄而深（图1-1）。

▲图1-1 黄河壶口瀑布国家地质公园（山西）导游图

1.2.2 区域地质概况

公园内地层主要出露中生界中三叠统二马营组和第四系中更新统离石组、上更新统马兰组以及全新统黄土。公园内未见岩浆岩侵入。

公园位于鄂尔多斯板块东南边缘，基底由太古宇变质岩系构成。古生代构造运动表现为以整体升降为特征的地块波动，形成海陆交互相沉积。中生代燕山运动以来，地壳构造运动较为和缓，三叠纪至新近纪以整体升降为主，地层总体呈单斜状向西缓倾，倾角多在3°以下。节理发育，在平面上常组成棋盘格式构造。

1.3 典型地质遗迹资源

1.3.1 吉县黄河壶口瀑布（世界级）

壶口瀑布发育在晋陕大峡谷中，河谷基岩岩性为二马营组砂岩、粉砂岩、泥岩、页岩等碎屑岩，其岩性组合为软硬相间的互层结构。壶口瀑布最大的特点是黄河流经壶口时，河床从宽300m的宽谷突然缩小至仅30m宽的窄谷，河水聚拢，收为一束，形成特大"马蹄"状瀑布群。每年3—4月份，壶口瀑布所在地黄河冰雪融化使得河水流量暴涨，最大流量在2 500m³/s以上，其余季节流量为1 000m³/s，最小流量仅300m³/s，冬天冰冻封河，瀑布落差约40m。

壶口瀑布为黄河第一大瀑布，是中国乃至全世界唯一一条黄色瀑布，也是中国第二大瀑布，世界罕见，每年都吸引大量游客前来观瞻。瀑布奔腾呼啸、跌入深渊、飞流直下、排山倒海、涛声轰鸣、水雾升空、惊天动地、气吞山河。此地两岸夹山，河底石岩上冲刷成一巨沟，俗称"十里龙槽"，滚滚黄水奔流至此，倒悬倾注，如奔马直入河沟，波浪翻滚，其形如巨壶沸腾，惊涛怒吼，震声数里可闻。春秋季节水清之时，阳光直射，彩虹随波涛飞舞，景色奇丽；冬季河面封冻，瀑布多成冰凌，地表来水减少，壶口流量降至150~500m³/s，激浪不大，飞出槽面水雾甚少，急流飞溅，形成弥漫在空中的大雾，即"水底冒烟"一景。给人以心灵的震撼和洗涤。在这里，古今诗人和音乐家们奏出了一曲《黄河大合唱》，唱出了黄河儿女的心声（图1-2～图1-5）！

1.3.2 吉县壶口二河副瀑布（省级）

在壶口瀑布上方宽300m的河道中，东西两岸均有宽2~3m的支流绕过主瀑到下游70~80m（西岸）或150m（东岸）处，从侧方落入龙槽，构成了黄河两岸的副瀑布。其水量较大，落差18m，形成相当壮观的次级瀑布（图1-6）。

▲ 图 1-2 吉县黄河壶口瀑布全景（赵伟 摄）

▲ 图 1-3　吉县黄河壶口瀑布（赵伟 摄）

▲ 图 1-4　吉县黄河壶口瀑布（王权 摄）

▲ 图 1-5　吉县黄河壶口瀑布国家地质公园主碑

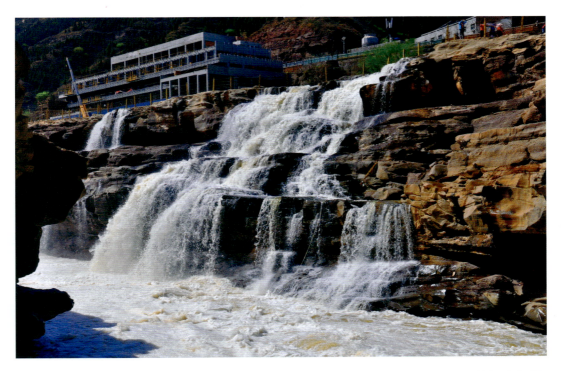

▲图 1-6　吉县壶口二河副瀑布（赵伟 摄）

1.3.3　吉县壶口十里龙槽（国家级）

十里龙槽是黄河向源侵蚀作用形成的石质深槽河谷，是万里黄河最狭窄处，宽 30～50m，深 50m，石岸距水面高 20m。十里龙槽从壶口瀑布延伸至孟门岛，总长 4 600m。随着向源侵蚀作用的不断加强，龙槽加长，壶口瀑布逐渐后退（图 1-7）。

1.3.4　吉县壶口观瀑廊（国家级）

观瀑廊位于壶口瀑布瀑口东岸前沿 20m，瀑口之下 15m 处岸边的崖壁上，为长 20m，宽 2～3m，高 3～4m 的凹槽。观瀑廊是由瀑布溅出的浪涛向侧方侵蚀而形成（图 1-8、图 1-9）。

▲图 1-7　吉县壶口十里龙槽（赵伟 摄）

▲图1-8　吉县壶口观瀑廊(近观)

▲图1-9　吉县壶口观瀑廊(远观)

1.3.5　吉县壶口"石窝宝镜"壶穴(省级)

壶口瀑布附近基岩河岸上分布数十个壶穴,单个壶穴的直径为30～120cm,深20～150cm,平面上呈圆形、椭圆形,剖面上多呈柱形、锥形或壶形。这些壶穴是河水携带的沙砾在河床和石岸上旋转冲击、磨凿产生(图1-10)。

▲ 图1-10 吉县壶口"石窝宝镜"壶穴

1.3.6 吉县壶口南村坡河流阶地（省级）

南村坡河流阶地为河流Ⅲ级阶地，高出河面80～100m，阶地边部灰黄色砂岩层中发育数量众多、大小不一的侵蚀凹槽。阶地之下为黄河支流深切河谷，河谷弯曲，形成"二龙戏珠"地貌景观。Ⅲ级阶地之上黄土地貌发育，有黄土塬、黄土梁、黄土峁景观。南村坡又称为克难坡，是"世界第二次反法西斯战争"时山西省政府机关所在地，具有较高的人文价值（图1-11～图1-18）。

▲ 图1-11　吉县壶口南村坡河流阶地Ⅰ级阶地

▲ 图1-12　吉县壶口南村坡河流阶地Ⅱ级阶地

▲ 图1-13 吉县壶口南村坡河流阶地Ⅲ级阶地水蚀洞穴

▲ 图1-14 吉县壶口南村坡河流阶地Ⅳ级阶地凹槽

▲ 图1-15 吉县壶口南村坡河流阶地"二龙戏珠"深切曲流河谷

▲ 图 1-16　吉县壶口南村坡河流阶地黄土冲沟

▲ 图 1-17　吉县壶口南村坡河流阶地黄土落水洞

▲ 图1-18 吉县壶口南村坡河流阶地黄土峁

1.3.7 吉县壶口棋盘格式构造（省级）

棋盘格式构造发育于二马营组上部地层中，两组相交成近直角的"X"节理构成棋盘格式构造。两组节理方向分别为70°和350°，倾角近直立，为岩石在成岩作用过程中受侧向挤压应力而形成的两组共轭剪切断裂面（图1-19～图1-20）。

1.3.8 吉县下南塬禹帽峰（省级）

禹帽峰基岩为二马营组碎屑岩。由于河流最初的侵蚀作用，使得该地基岩侵蚀形成孤峰，后因地壳抬升及河流下蚀作用加强，逐渐形成宝塔型的山峰，成为现在Ⅳ级阶地夷平面。禹帽峰下部发育侵蚀凹槽，犹如天上飘下的一顶帽子扣在壶口岸边，传说这座孤峰是禹王的斗笠变成的，故称禹帽峰（图1-21）。

▲ 图 1-19　吉县壶口棋盘格式构造贯通节理

▲ 图 1-20　吉县壶口棋盘格式构造

1.4 人文景观资源

　　壶口地区历史悠久,具有博大精深的历史文化内涵。黄河是中华民族的摇篮,是中华民族的母亲河,而壶口瀑布的磅礴气势和鼓舞力量就是黄河性格与精神最突出、最标志性的典型表现,象征着中华民族的高尚情操和拼搏精神。该国家地质公园内丰富多彩的人文景观,体现了黄河文明的发展历史,表明人类在这片古老的土地上,留下了坚实而勇敢的足迹,也向后人传播着这里悠久厚重的文化。

▲ 图1-21 吉县下南塬禹帽峰

壶口地区作为黄河干流上的"晋陕通衢"和黄河水运中特殊的一段旱地行船码头，在晋陕以至中国的交通史和商贸史中具有特殊的地位。龙王辿繁荣一时的商业集镇及商贸活动，反映了晋陕商人的奋斗精神和经营能力，在晋商历史上具有独特的意义。

壶口地区独特的地理位置，历来为兵家必争之地，为这一地区赋予了独特的军事文化内涵，从特定的角度记录了中国历史的发展进程。公园内现存的主要人文景观有古迹遗址、古建筑、石碑刻等。其中，省级重点文物保护单位有清代长城、龙王辿炮台、克难坡。县级重点文物保护单位有龙王庙遗址、马王庙遗址、河清门等古建筑等。（图1-22～图1-25）

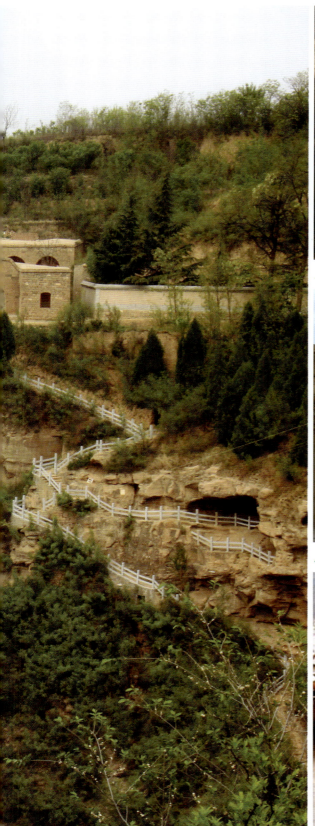

▲ 图1-22 第二战区司令部(远观)

▲ 图1-23 屯兵洞

▲ 图1-24 望河亭

▲ 图1-25 旱地行船遗址

2 宁武冰洞国家地质公园

2.1 公园概况

位　　置：忻州市宁武县

地理坐标：东经 111°50′06″—112°15′20″
北纬 38°37′40″—38°57′55″

面　　积：315.14km²

批准时间：2005 年 11 月

遗迹亚类：层型(典型剖面)、古动物化石产地、碳酸盐岩地貌、侵入岩地貌、湖泊、泉、夷平面

景区划分：冰洞景区、芦芽山景区、高山湖群景区和宁化景区

2.2 地质地理概况

2.2.1 地理地貌概况

宁武冰洞国家地质公园位于山西省忻州市宁武县境内,地处晋西北黄土高原东部边缘,境内山峰高耸,群山森列,地势高峻,平均海拔约2 000m。

公园内地貌以山地为主,包括芦芽山和云中山两大山系。西部芦芽山,山势雄伟浑厚,最高海拔为2 788m,为山西省第三高峰。芦芽山为历史名山,南承吕梁山余脉,北达内蒙古自治区阴山,东衔洪涛山侧翼,西抵黄河东岸,成为保卫华北地区的天然屏障,汾河与恢河两河以西诸山为其支脉。东部云中山,海拔为2 654m,主要山脉呈北东、北西走向。两山系主要山峰有芦芽山、荷叶坪山、染峪梁、骆驼山、棋盘山、石湖岭、清真山、虎头山、马头山、禅房山、黄花岭、凤凰山、万寿山、华盖山等。公园内有11条较大的山谷,位于汾河和恢河两侧。公园虽然地处山区,但夷平面上有许多高山湖泊,亦称天池群,主要包括天池、公海、老师傅海、鸭子海、琵琶海、干海、暖海等。芦芽山的花岗岩峰林是构造地貌与岩石地貌的代表。荷叶坪山的亚高山草甸风光反映了夷平面隆升和冰缘地貌的作用(图2-1)。

2.2.2 区域地质概况

公园内地层属华北地层区吕梁—太行山分区。区内出露地层比较齐全,由老到新出露中太古界界河口群,寒武系霍山组、张夏组和崮山组,奥陶系冶里组、亮甲山组和马家沟组,石炭系—二叠系太原组,二叠系山西组、石盒子组和孙家沟组,三叠系刘家沟组、二马营组、和尚沟组和延长组,侏罗系永定庄组、大同组、云岗组和天池河组以及古近系、新近系与第四系。其中,寒武系和奥陶系是公园出露较广泛的地层,而且是形成主要地貌景观的基础。

公园内侵入岩仅分布于前寒武纪变质基底中。新太古界五台岩群中,见有变质细碧角斑岩夹层,属古老的海底火山喷发产物,并有伟晶岩脉和辉绿岩脉。古元古代芦芽山序列—马仑紫苏石英二长岩是公园内唯一的一个大岩体,出露于园区的西南部,北起张家崖,南至营坊一带,西到黄土坡,东达马仑东,规模巨大,呈"岩基"状侵入五台群中,被下寒武统不整合覆盖,侵入及不整合关系清晰。岩体年龄为1 794±13Ma(耿元生等,2004),是古元古代末吕梁构造运动结束时的产物,为后造山花岗岩。

公园范围内,可分为上下两个构造层。前寒武纪地槽型基底构造层,构造线方向多为北东东向,而且挤压强烈,褶皱呈紧密线型。公园内基本未见出露。寒武纪以来上部地台型构造层,燕山运动以来受新华夏系、祁吕系前弧东翼的制约,构造线方向多呈北北东向,褶皱开阔,并出现控制断块边界的逆冲断层,喜马拉雅期发育地堑式正断层组合。

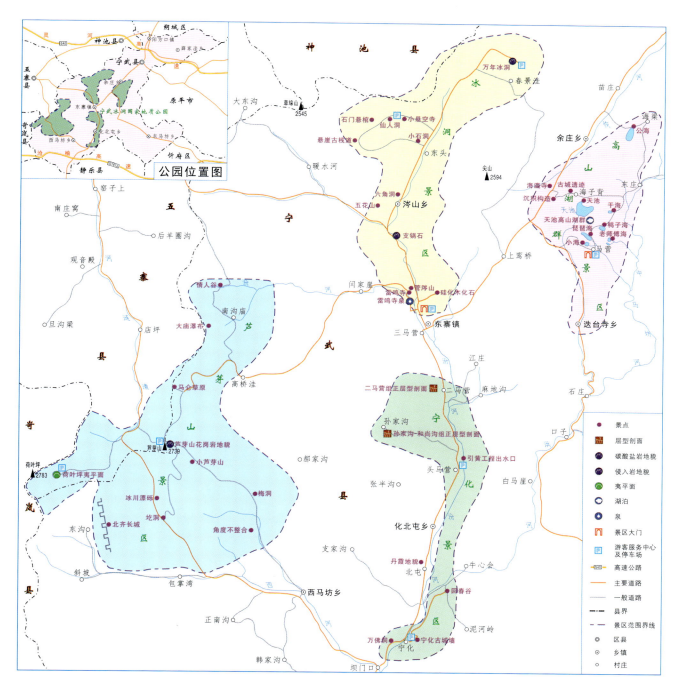

▲图 2-1 宁武冰洞国家地质公园导游图

2.3 典型地质遗迹资源

宁武冰洞国家地质公园内地质遗迹数量多，类型丰富，级别高。

2.3.1 宁武冰洞（世界级）

宁武冰洞位于宁武县涔山乡麻地沟村。冰洞发育于中奥陶统马家沟组厚层灰岩中，整体形状呈落水洞样，即洞口基本朝上、洞体向下倾斜的状态。该洞深约100m，上下共分5层，最宽处20m，最窄处仅为几十厘米，洞口近圆形，宽10m。冰洞已开发3层，有冰帘、冰钟、冰花、冰人、冰菩萨等，景观丰富多彩，洞内壁上皆冰，在五彩灯光的照射下，呈现出梦幻般的景象，扑朔迷离、亦真亦假，堪称一个冰的世界。更为奇特的是，与冰洞相距不到200m，有一处千年不熄的地火，当地人称千年火山，为煤层自燃造成。这一冰一火，本是相克，却奇妙地共存于同一山上，可谓举世奇观。

对于冰洞的成因现在尚未统一。综合看来，溶洞形成之后，在第四纪冰河时期，冰洞涌入大量冰雪从而形成冰洞。而冰洞有一个下口与外界相通，冬天内部温度高于外部温度，冷空气从下口进入，使洞内温度下降，水气凝结，冰洞成长。夏天外界温度高于内部温度，气流翻转，冰洞融化。只要冰洞凝结大于消融，冰洞就逐步成长。宁武冰洞为世界少有，是国内面积最大、制冷效果最强、冰储量最多的冰洞，对研究全球冰洞的形成和保存机制提供了良好的素材（图2-2～图2-5）。

▲图2-2 宁武冰洞洞内大厅

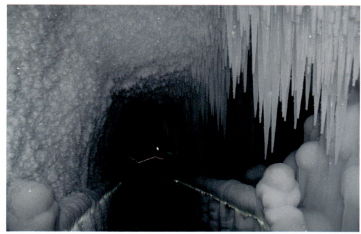

▲ 图 2-3　宁武冰洞冰洞入口

▲ 图 2-4　宁武冰洞冰帘（一）

▲ 图 2-5　宁武冰洞冰帘（二）（王权 摄）

2.3.2 宁武孙家沟–和尚沟组剖面(国家级)

该剖面位于宁武县东寨镇孙家沟村—陈家庄村,出露上二叠统—中三叠统孙家沟组、刘家沟组、和尚沟组,总长1.2km,起点在孙家沟村南沟中,终点为陈家庄村南沟中。与下伏石盒子组和上覆二马营组均为整合接触,3组之间也均为整合接触关系。

上二叠统孙家沟组厚133m,紫红色及砖红色陆相碎屑岩。岩性以砖红色、暗红色砂质泥岩、灰白色或暗紫红色长石石英砂岩夹紫红色页岩和泥岩。中部砂岩交错层理较发育,砂岩层顶面波痕、泥裂等构造常见。底部见三层含砾粗砂岩且层位稳定。下三叠统刘家沟组厚446m,岩性以砖红色、紫红色泥岩、砂质泥岩为主,夹浅灰色细粒长石砂岩、长石石英砂岩,砂岩内交错层理、平行层理发育,层面波痕构造发育。泥岩及砂质泥岩夹灰绿色条带,其层面泥裂构造极为发育。下三叠统和尚沟组厚160m,岩性以浅红、浅紫色细粒长石砂岩、长石石英砂岩夹鲜红色、砖红色泥岩、砂质泥岩为主,泥岩中含灰白色钙质结核。

该剖面是华北地区孙家沟组、刘家沟组、和尚沟组正层型剖面,对华北地区上二叠统—中三叠统的地层学、沉积古地理学的研究提供了对比依据(图2-6~图2-9)。

◀图2-6 宁武孙家沟–和尚沟组剖面中的孙家沟组地层露头

◀图2-7 宁武孙家沟–和尚沟组剖面中的刘家沟组地层露头

▲ 图 2-8　宁武孙家沟-和尚沟组剖面中的刘家沟组火焰构造

▲ 图 2-9　宁武孙家沟-和尚沟组剖面中的和尚沟组地层露头

2.3.3　宁武东寨二马营组剖面(国家级)

该剖面位于宁武县东寨镇南梁上村北山梁,起点位于宁武县和尚沟村东 600m 处,终点位于南梁上村北,总长 1.4km,厚 595m,剖面全部出露且连续。二马营组与上覆延长组和下伏和尚沟组均整合接触,自上而下分为两个段,各段之间均为整合接触。二段以紫红色泥岩、泥质砂岩与灰绿色—灰黄绿色长石砂岩互层为主,长石砂岩局部呈透镜状,厚 215m。本段中部灰绿色薄层状长石细砂岩内曾发掘出肯氏兽动物化石 Parakannemeyeria sp., P. dolichocephala, Shansisuchus sp.。一段以灰绿色、灰黄绿色、灰白色长石砂岩、长石石英砂岩为主，夹紫红、暗紫红色砂质泥岩，并呈下粗上细的沉积旋回，厚380m。暗紫红色泥岩夹灰绿色泥岩条带，其内有蕨类植物化石。

该剖面为二马营组的正层型剖面，作为华北地区相当地层的划分与对比依据，为该区域的沉积学及古地理学研究提供了对比依据，同时也是宁武副肯氏兽及长头副肯氏兽的发现地（图2-10、图2-11）。

▲ 图2-10 宁武孙家沟-和尚沟组剖面中的二马营组地层露头

▲ 图2-11 宁武孙家沟-和尚沟组剖面中的二马营组红泥岩与砂岩界线

2.3.4 宁武天池高山湖群(国家级)

高山湖群位于宁武县城西南约 20km 处东庄乡,包括马营海、元池、琵琶海、鸭子海、小海子、干海、岭干海、双海、老师傅海等大小天然湖泊 15 个。其周围地质体岩性为天池河组厚层灰紫色中粗粒砂岩,紫红色中细砂岩和薄层棕红色砂岩互层组成,发育交错层理。宁武天池高山湖群形成于晚更新世,是中国三大高山天池之一。干海地区草甸发育,是华北西部和黄土高原东部全新世最好的剖面之一,是研究全新世以来气候、环境、生态变化最理想的剖面。池里生存着草鱼、鲤鱼、鲫鱼、鲢鱼等水生动物。天池湖群,高山环绕,树木掩映,湖水清澈,像一块"晶莹碧绿的宝石镶嵌于高山之巅"。近些年来湖水水位呈明显下降趋势,1996—2005 年水位累计下降 2m,当前湖面形态近似于"椭圆"形,部分湖面地表为沼泽地或草地,部分地段已被耕种(图 2-12、图 2-13)。

▲图 2-12 宁武天池高山湖群马营海(王权 摄)

▲图 2-13 宁武天池高山湖群马营海(尹俊 摄)

2.3.5 五寨荷叶坪夷平面（国家级）

五寨荷叶坪夷平面位于五寨县前所乡。其最高处海拔2 783m，为管涔山的最高峰，地质体岩性为紫苏石英二长花岗岩。该夷平面由南将台、北将台以及中间的凹地组成，整体形似荷叶，故名荷叶坪，面积约10km²，为华北地区面积最大的夷平面。该夷平面属北台期夷平面，荷叶坪的海拔高度介于五台山南台和北台之间，可以对比研究。夷平面上视野宽阔，俯瞰宁武、岢岚、五寨三县。著名的荷叶坪八景（即大型象形石）骆驼石峰、荷叶长老、文殊雄狮、石栅马桩、北齐长城、六郎将台、弥涟异水、雪山积素各具造型，浑然天成，引人入胜（图2-14、图2-15）。

▲图2-14 五寨荷叶坪夷平面（崔敏 摄）

▲ 图 2-15　五寨荷叶坪夷平面象形石"独立万年"

2.3.6　宁武东寨雷鸣寺泉（国家级）

宁武东寨雷鸣泉位于宁武县东寨镇雷鸣寺。泉眼位于中奥陶统马家沟组灰岩中，沿春景洼逆冲断层，出露海拔1 605m，流量0.2～0.4m³/s，为接触溢流泉，泉口出水处修建有汾源灵沼水母庙。雷鸣寺泉是三晋大地母亲河——汾河的源头。雷鸣寺因汾河从石崖下龙口喷出时声如雷鸣而得名，庙宇依山而筑，宏大巍峨。每年农历四月初八举行古庙会，盛况空前（图2-16、图2-17）。

▲ 图 2-16 宁武东寨雷鸣寺泉泉眼

▲ 图 2-17 宁武东寨雷鸣寺泉汾源湿地风光

2.3.7 宁武芦芽山花岗岩地貌(国家级)

芦芽山位于宁武县东寨镇。其花岗岩出露面积约 133.78km²。芦芽山海拔 2 739m,为山西省第三高峰。芦芽山峰峦重叠,簇拥大小 200 多座山峰,沟壑纵横。山体东南边,在长期的风化、流水作用下岩石沿节理垮塌,形成了一系列犹如芦苇幼芽的峰林,因而得名芦芽山。芦芽山岩性为(紫苏)辉石石英二长岩,岩石呈灰色、暗灰色,巨粒花岗结构。岩石矿物成分以显微条纹长石、中性斜长石和石英为主,岩体中垂直节理及层节理发育,是形成芦芽山及峰丛景观的母体(图 2-18、图 2-19)。

▲图 2-18　宁武芦芽山花岗岩地貌

▲图 2-19　宁武芦芽山花岗岩地貌芦芽山日出

峰林：芦芽山为强烈上升的高中山区，主峰区花岗岩峰林较为发育，峰林高差为 30～70m，一般为 40m。峰林中石柱个体尖峭突兀，怪石嶙峋。

象形石：在雄伟的芦芽山中，各类象形石星罗密布，形姿殊异，其中著名的奇石有鲨鱼含珠、清凉石、将军石、护林老翁等。

黄草梁夷平面：位于芦芽山北，其面积 6 000 多亩（1 亩=666.67m²，下同），发育冻胀丘，同时为冰缘地貌。黄草梁南边以垂直山涧和芦芽山分隔，其间为花岗岩风化地貌，发育风化球、风蚀柱、风蚀洞等。

2.3.8　宁武东寨支锅石（省级）

宁武东寨支锅石位于宁武县城 30km 处的东寨镇西楼子山南麓半山腰，在离地面约 10m 处的平台之上，高 3m，宽 2m，以两块小石作支脚，整体呈"品"字造型，虽矗立于斜坡，风吹似动，但数百年来，却一直屹立不倒。

由于形似加盖的锅，支撑它的两小石形若锅脚，故而人称支锅石，为宁武八大奇景之一。据传，治汾大师台骀治理汾洪患难时，曾在楼子山坡置一大锅，用管涔松木燃火，经年累月地熬煮汾洪，终于将洪水煮干，汾患平息，后来台骀煮洪水的大锅变成了支锅石（图 2-20）。

▲ 图 2-20　宁武东寨支锅石（王权 摄）

2.4 人文景观资源

宁武县具有深厚的文化积淀,北宋的外三关之一——宁武关名扬四海,外有阳方口要塞,内有宁化堡天险,它是屏障三晋大地的兵家必争之地。公园内的历史文化遗址,让游客在领略大自然奇特风光的同时,体会到历史的厚重。公园内及周边的文化景观主要包括古文化遗址、悬崖栈道、古建筑遗址和古悬棺等(图 21-21～图 2-23)。

▲ 图 2-21 汾源阁(曹建国 摄)

▲图 2-22　马仑草原（曹建国 摄）

▲图 2-23　悬空村

古文化遗址：新石器时代遗址——阳方口遗址；中古文化遗址——赵长城、北齐长城、阳方口长城、隋朝汾阳宫、宁化古城遗址等；近古文化遗址——唐宋至明代以来的寺、庙、宫、洞、观、祠、碑碣等。

悬崖栈道：绵延约20km，拥有国内罕见的悬空建筑群。由西向东沿崖布列有观音殿、毗卢殿、揽月洞（日月亭）、西禅院和晓祖塔（图2-24）。

▲ 图2-24 悬崖栈道（曹建国 摄）

古建筑遗址：芦芽山寺庙遗址、宁化万佛洞、天池汾阳宫遗址、翔凤山清真庵寺庙遗址等（图2-25）。

古悬棺：主要位于小石门村北山大石门口和小石门口沟谷两侧的岩壁之上和栈道的崖洞之中，高低错落地葬有10处11具棺柩。另外，在大石门沟谷的东侧崖壁上存有3具铁索悬棺，距谷地约70m，皆以铁索牵拉垂吊于崖棚之下（图2-26）。

▲ 图 2-25　小悬空寺

▲ 图 2-26　石门悬棺

3 五台山国家地质公园

3.1 公园概况

位　　置：忻州市五台县、繁峙县

地理坐标：东经113°00′—113°50′

　　　　　北纬38°45′—39°10′

面　　积：466km²

批准时间：2005年11月

遗迹亚类：层型(典型剖面)、夷平面、不整合面、峡谷、褶皱与变形、典型矿床类露头、泉、碳酸盐岩地貌、崩塌

景区划分：北台景区、东台景区、台怀景区、中西台景区、南台景区、金岗库景区和灵境景区

3.2 地质地理概况

3.2.1 地理地貌概况

五台山国家地质公园(图3-1、图3-2)位于山西省忻州市境内,中心地区距太原市230km,距忻州市150km。五台山地跨五台县、代县、繁峙县和河北省阜平县,为北东-南西走向,纵长100km,周边长250km。

五台山属太行山脉支脉,由晋冀边界向西南延伸到忻州市城东,北、西邻滹沱河谷地与北岳恒山相望,西南与系舟山相接,东与太行山合为一体,长约130km,宽40~50km。五台山北麓坡度陡峭,南麓较缓,海拔624~3 058m,相对高差2 434m。五台山四周群山重叠,地势险要,山间分散若干小型侵蚀盆地,如豆村盆地、茹村盆地等。

五台山主峰区由5个平台状山峰组成(包括东、西、南、北、中五峰),故称五台山。五台山的佛教中心区在台怀镇,它位于五台山的五大台顶怀抱之中,故名为"台怀"。五台山山体连绵,群峰耸立,5个台顶海拔均在2 400m以上,北台最高(北台叶斗峰海拔3 061m),是华北最高峰,素有"华北屋脊"之称。

▲ 图3-1 五台山国家地质公园主碑

图 3-2 五台山
国家地质公园副碑

五台山被滹沱河和清水河环绕,滹沱河环绕其北、西、南三面。公园内的河流主要是清水河,其发源于五台山的紫霞谷及东台沟,沿途汇集五台山地区的诸多清流小溪,自北向南经台怀、金岗库、石咀、耿镇、石盆口、胡家庄,于五台县坪上附近汇入滹沱河,而后向东流入河北省,属海河水系(图3-3)。

3.2.2 区域地质概况

公园地处华北克拉通中部,主体由新太古代—古元古代变质岩系组成,约占出露面积的90%以上,上覆中元古代地层以及部分古生代和新生代沉积地层,在中生代以来经历大规模上隆抬升过程。早前寒武纪(新太古代—古元古代)主要包括五台群和滹沱群。中元古代地层保留不完整,五台山南北坡仅有长城系,主要为常州沟组和高于庄组。而古生代地层仅少量分布在五台山南、北两侧。中生代末至新生代初,五台山区隆起未保留中生代沉积。新生代地层主要分布在多个断陷盆地以及滹沱河谷断陷中。

五台群中有大量花岗质岩体侵入,形成了著名的北台岩体、峨口岩体、石佛岩体、王家会岩体、赵山岩体、光明寺岩体。岩石的锆石 U-Pb 年龄均在 25.5 亿年左右。元古宙早期有大窑梁岩体侵入到五台群高凡亚群岩体地层内,年龄为 21 亿年,随后凤凰山岩体侵入到滹沱群中,同位素年龄约 17.5 亿年。此外,还有燕山期的古花岩岩体,盘道岩体等小型花岗岩侵入到滹沱群、五台群中。

构造运动方面,五台期先有探马石运动,造成高凡亚群不整合于石咀亚群之上;后有金洞梁运动,导致滹沱群底砾岩不整合在高凡亚群之上。这两次运动使五台群地层褶皱成平卧褶皱,属 α 褶皱,伴随有花岗岩质岩体侵入。吕梁期有小营河运动,导致郭家寨亚群不整合在东冶亚群之上,造成两亚群地层发生 β 褶皱;后有红石头运动,属 β 褶皱,使常州沟组不整合在郭家寨亚群之上。

随后的殊宫寺运动使高于庄组不整合在常州沟之上;芹峪期,寒武系不整合在高于庄组之上。

吕梁运动使滹沱群地层发生两次剧烈褶皱,并发生中—轻度区域变质。燕山运动使所有古生代地层卷入以断层为主的褶皱-断裂构造,而五台山现今地层分布格局主要是燕山运动塑造而成的。

喜马拉雅运动促使系舟山断裂复活,原燕山期北盘上升到此时变为下降,在断层北盘形成一系列构造堰塞湖,第四纪时湖盆退水而成为一系列小型黄土盆地。

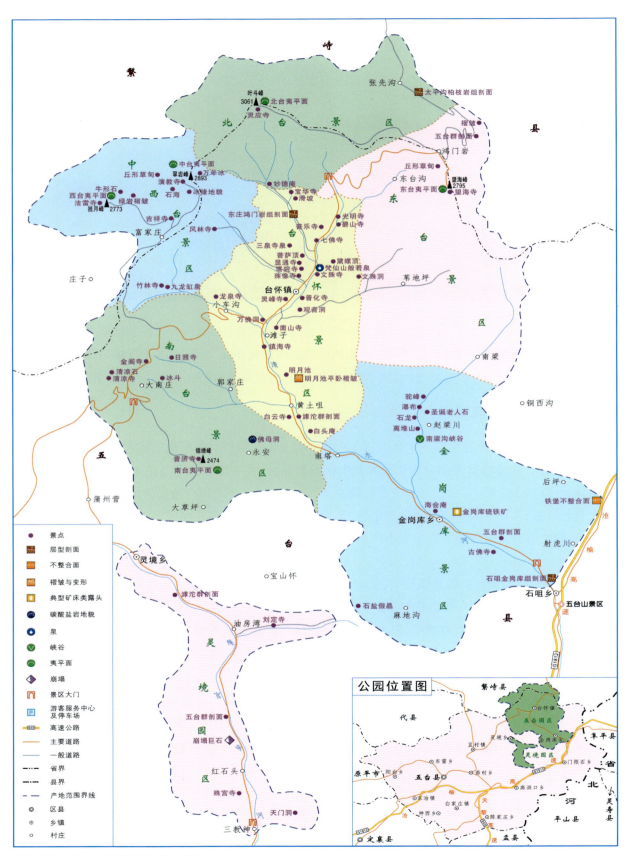

▲ 图3-3 五台山国家地质公园导游图

3.3 典型地质遗迹资源

3.3.1 五台石咀金岗库组剖面(国家级)

五台石咀金岗库组剖面为新太古界五台岩群金岗库组层型剖面,1963年由徐朝雷、王立新测制。剖面位于五台县石咀村西公路边,剖面出露良好,顶底界线清晰,标志层清楚。剖面共分为15层,总厚度为1 014.92m(1:25万忻州市幅重测为20层,厚度为1 064.9m)。金岗库组为五台山区石咀亚群最下部的组级岩石地层单位,下部以斜长角闪岩为主夹多层磁铁石英岩,中部出现较多的黑云变粒岩,上部出现二云石英片岩,显示了下部富铁、上部富铝的特点。剖面底部出露一套厚度为33.54m的细粒黑云斜长片麻岩夹斜长角闪岩、磁铁石英岩与下伏厚层黑云斜长片麻岩侵入体呈不整合接触关系,剖面顶部以一套厚度为1.09m的糜棱岩化磁铁石英岩与上覆豆村亚群谷泉山组长石石英岩呈平行不整合接触(图3-4)。

3.3.2 繁峙太平沟柏枝岩组剖面(国家级)

繁峙太平沟柏枝岩组剖面为新太古界五台岩群柏枝岩组正层型剖面。1979年,雍永源、沈亦为测制该剖面。1980年,李树勋、冀树楷等创名柏枝岩组。该剖面位于繁峙县太平沟村南200m公路边,露头良好,延续性良好,标志层清楚,顶底界线清晰,表面轻度风化,风化面呈黄褐色。柏枝岩组在该剖面出露第1层到第13层,总厚度936m。柏枝岩组是文溪组绿片岩相变的产物,由绿泥片岩、绢云绿泥片岩、绿泥钠长片岩夹厚层稳定的磁铁石英岩、绢云片岩及绢英片岩组成,是五台山主要工业铁矿床的含矿地层。台怀亚群芦咀头组长石石英岩平行不整合覆盖于柏枝岩组之上,柏枝岩组角度不整合覆盖于下伏黑云片麻岩之上(韧性断层或侵入接触)(图3-5)。

▲ 图3-4 五台石咀金岗库组剖面露头

▲ 图3-5 繁峙太平沟柏枝岩组剖面露头

3.3.3　五台东庄鸿门岩组剖面(国家级)

五台东庄鸿门岩组剖面为新太古界五台岩群鸿门岩组层型剖面，位于五台县台怀镇东庄村北大沟中。1967年，武铁山、张居星创名。1979年，雍水源等重测。该剖面厚874.3m，共分为7层，以富钠的细碧岩为主夹酸性火山岩，变质成绿泥片岩、绢云绿泥片岩和绿泥钠长片岩夹绢英片岩、绢云片岩，偶尔含不稳定的磁铁石英岩。鸿门岩组整合覆盖于下伏芦咀头组白色绢云石英片岩上，未见顶(图3-6、图3-7)。

3.3.4　五台铁堡不整合面(国家级)

五台铁堡不整合面位于五台县金刚库乡铁堡村东，该处为铁堡不整合的命名地。该不整合面为滹沱群板峪口组角度不整合于阜平群之上，不整合面出露面积约50 000m²，延伸长度约500m。不整合面露头出露良好，界线清晰可见。铁堡不整合面之上板峪口组底部为一套浅肉红色—黄白色厚层含砾长石石英岩，岩性坚硬，延伸稳定，地貌上呈陡崖，产状倾向265°，倾角20°。不整合面之下阜平群为黑云斜长片麻岩、角闪斜长片麻岩夹透闪大理岩，褶皱发育，产状倾向238°，倾角39°(图3-8)。

▼图3-6　五台东庄鸿门岩组剖面露头　　　　▼图3-7　五台东庄鸿门岩组剖面花岗岩侵入体

▲图3-8　五台铁堡不整合面

3.3.5 五台北台夷平面(国家级)

五台北台夷平面位于五台县台怀镇北台顶。北台又名叶斗峰,海拔3 061m,为五台最高峰,也是"华北屋脊",华北残存的最古老、最高的夷平面。夷平面顶残留面积为0.5km²,是五台山地区保留夷平面面积最大、残留地形面最宽阔的典型代表,"北台期"夷平面的命名地。北台夷平面地质体岩性为石咀亚群文溪岩组斜长角闪岩、角闪变粒岩夹铁英岩。夷平面上亚高山草甸,奇花异草遍布,石海、石流坡、石环、冻胀石块、冻胀土丘等冰缘地貌交替出现,顶部发育热融湖(图3-9~图3-11)。

五台山古陆经过晚古生代至中生代近4亿年的风化剥蚀和侵蚀,在新生代早期的古近纪被夷平,已进入准平原化的状态,形成夷平面。而新近纪的构造运动则引起山体不断隆升,使古夷平面逐渐上升至现今高度。第四纪冰期,五台山受冰缘气候影响,产生冻融作用,使台顶受到改造,形成石环、石海、冻胀土丘等景观(图3-12~图3-19)。

▲图3-9　五台北台夷平面叶斗峰

▲图 3-10　五台北台夷平面

▲图 3-11　五台北台夷平面热融湖

▲ 图 3-12 五台北台夷平面石流坡

▲ 图 3-13 五台北台夷平面石流坡

▲ 图 3-14　五台北台夷平面冻胀土丘

▲ 图 3-15　五台东台夷平面望海峰

▲图 3-16 五台南台夷平面锦绣峰

▲图 3-17 五台西台夷平面挂月峰

▲ 图 3-18　五台西台夷平面牛心石

▲ 图 3-19　五台中台夷平面翠岩峰

3.3.6 五台明月池平卧褶皱(省级)

五台明月池平卧褶皱位于五台县台怀镇明月池西,大石线路边岩层断面上。平卧褶皱高30m,长50m,枢纽产状近水平,为典型的倒转褶皱。地质体岩性为四集庄组巨厚层砾岩,有一条厚50cm的石英岩脉体倾斜贯穿,与平卧褶皱两翼均有斜交。此处褶皱轮廓清晰,两翼与水平面有20°的交角,层面特征与保存完整,未受到后期构造运动破坏,靠近景区和公路易于参观。五台山变质岩区韧性剪切带、逆冲断层、叠加褶皱多期面理构造非常发育,岩层内广泛发育构造叠置和多期变形,大型平卧褶皱是其中的典型代表(图3-20)。

▲图3-20 五台明月池平卧褶皱

3.3.7 五台金岗库硫铁矿矿床(省级)

五台金岗库硫铁矿矿床位于五台县金岗库乡硫磺厂旁,产出于五台岩群金刚库组斜长角闪岩中。金岗库组含铁岩系构成金岗库组标志层,含矿层产状与围岩一致。含矿带从金岗库组起向北东经篙地堂、后坪到繁峙莲花村一带,断续出露30km以上。硫铁矿矿体共48条,单独矿体17条,其中以5号硫铁矿矿体为主。矿体形态为似层状、透镜状、扁豆状。矿体厚度变化大,一般厚2~4m,最厚26.73m(李意,1996)。五台金岗库硫铁矿矿床为典型的中低温热液铁矿床(图3-21)。

▲ 图 3-21　五台金岗库硫铁矿

3.3.8　五台黄土咀佛母洞（省级）

五台黄土咀佛母洞又称千佛洞，分内外两洞，外洞大而明，内洞小而幽，洞口海拔 1 926m，中间有一个扁圆形孔穴相通，基岩为南大贤组含燧石条带白云岩，发育叠层石。内洞中，可以容纳 5~7 人。内洞的洞壁上，顺着节理有水流灌入，长期发展形成石笋、石钟乳，其夹有各种色质，犹如人体五脏，洞形又呈葫芦状，后人便称之为母腹。

佛母洞为山西时代最老、海拔最高的溶洞，并有丰富的佛教文化传说，为五台山景区内知名的景点之一（图 3-22）。

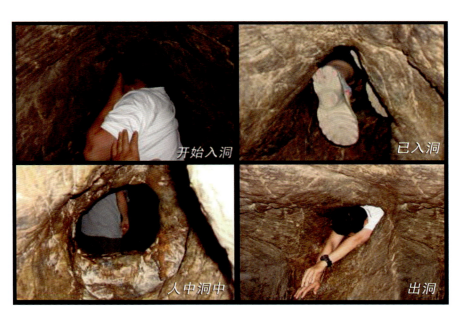

▲ 图 3-22　五台黄土咀佛母洞

3.3.9 五台梵仙山般若泉(省级)

五台梵仙山般若泉位于五台县台怀镇梵仙山下的风林谷口。般若泉素有"中国名泉桂冠之誉",其泉水亦称"五台圣水",民间俗称"万岁泉智慧水",长期饮用有保健益智、延年益寿之功效。般若泉泉水清澈,汨汨涌流、日夜不息、常年不冻,年自流量数十万吨。经国家矿产储量管理局和山西省两级评审鉴定,般若泉属低钠、重碳酸钙型饮用天然矿泉水(图3-23)。

▲图3-23 五台梵仙山般若泉

3.3.10 五台南梁沟峡谷(省级)

五台南梁沟峡谷位于五台县南梁沟。峡谷长约10km,谷底宽30~50m,两壁高差50~200m。峡谷两侧崇山峻岭,山脊怪石嶙峋。南梁沟自然风景优美,云雾飘渺中林海松涛涌动,生物多样性保存较好,有许多珍贵的动植物,并有多处古庙宇。南梁沟东侧支沟中发育小型瀑布,瀑布落差50m,为季节性瀑布(图3-24、图3-25)。

▲ 图 3-24　五台南梁沟峡谷瀑布

▲ 图 3-25　五台南梁沟峡谷谷壁

3.3.11 五台香炉石崩塌（省级）

五台香炉石崩塌位于五台县耿镇香炉石村到红石头村之间，沿途崩塌碎石遍布山坡、山脚，崩塌碎石整体呈红色，与不整合面之上的岩石岩性一致，为郭家寨亚群红色燧石角砾岩、红色长石石英砂岩。崩塌碎块几十处，直径从数十厘米到20余米不等，形成原因为郭家寨亚群底部燧石角砾岩中垂直节理发育，贯通性较好，岩石极易顺着节理崩塌（图3-26）。

▲图3-26　五台香炉石崩塌

3.4 人文景观资源

五台山(图3-26)独特的高山气候、山泉飞瀑、奇洞怪石、地貌景观与佛教文化结合,被赋予了丰富的宗教含义,自然环境清静幽雅,非常适合建庙修行。传说五台山与佛祖释迦牟尼出家修行的印度灵鹫山相似,因此当佛教传入中国时,汉明帝刘庄在五台山建筑的第一座庙宇就命名为大孚灵鹫寺(今显通寺的前身)。五台山的地理位置和地理环境,还与佛经(《大方广佛华严经》《文殊师利宝藏罗尼经》)描述的文殊菩萨住处很相似。自公元662年被正式确立为文殊菩萨道场(崔正森,2003)。五台山与浙江省普陀山、四川省峨眉山以及安徽省九华山同为"中国佛教四大名山",五台山位列其首。五台山在世界佛教界也举足轻重,与尼泊尔蓝毗尼花园和印度鹿野苑、菩提伽耶、拘尸那迦并称为"世界五大佛教圣地"。

五台山山体浑圆高大,5座台顶高亢夷平,岢巍敦厚,气势磅礴,各具特色,东台之俊、南台之秀、西台之险、北台之高、中台之阔,形势各不相同。独特的夷平面台顶以及冰缘地貌自然景观与佛教文化相互交融,形成了自古以来佛教信徒们对5座台顶的膜拜,从而产生了一种盛大的佛事活动——"大朝台"和"小朝台"。所谓大朝台,是遍礼全山佛寺,并亲临东台、西台、南台、北台和中台五大高峰供佛和祈祷。所谓"小朝台",则仅在台怀镇附近各寺巡礼,并登临作为五台山五大高峰象征的黛螺顶。

外国佛教徒朝台,一般是遍礼五台山诸寺和朝拜象征文殊菩萨"五智"的五台山五大高峰。同时还要朝礼金刚窟、般若石等圣迹。同时,作为对五台山的无比崇仰,他们还把"五台山土石"作为圣物带回本国,也有的还要在五台山供佛和做佛事活动。中国少数民族,尤其是蒙古族和藏族的佛教信徒,对五台山和文殊菩萨极为崇奉。蒙、藏佛教徒的朝台,一般也都是大朝台,历时4天,行程约75km,旅行路线呈环形,具有固定的路线和日程,声势浩大,蔚为壮观。

五台山寺庙群依山就势,错落有致,寺庙与周围环境和谐统一,充分体现了中国传统文化中"天人合一"的理念,其佛教建筑群无论时间跨度之长还是规模之宏大,都在世界范围内首屈一指。五台山历史悠久,在长达15个世纪的发展中逐渐形成了宏大的佛教建筑群,其寺庙建筑的规模不论在中国还是世界上都是罕见的。北齐时,五台山就有寺庙200余座,唐代最多时达360余座。至今,五台山仍保存有唐代以来7个朝代的寺庙80座,佛塔150余座。这些寺庙的规模大小不一,形制布局各有特色。如显通寺寺宇开阔,殿宇宏伟,共有殿堂阁楼、禅房僧舍等400余间;碧山寺为三进院落,共有殿堂、禅堂108间。而在五台山台怀寺庙集中区就分布着寺庙24座,其中的单体建筑更是数不胜数,形成了一个规模庞大、宏伟壮观、古朴庄严、与自然环境和谐一致的寺庙建筑群(图3-27~图3-33)。

▼图 3-27　五台山全景

▲图 3-28　五台山显通寺

▲图 3-29　五台山清凉寺

▲ 图 3-30　五台山龙泉寺

▲ 图 3-31　五台山金阁寺

▲ 图 3-32 五台山三泉寺

▲ 图 3-33 白求恩模范病室旧址

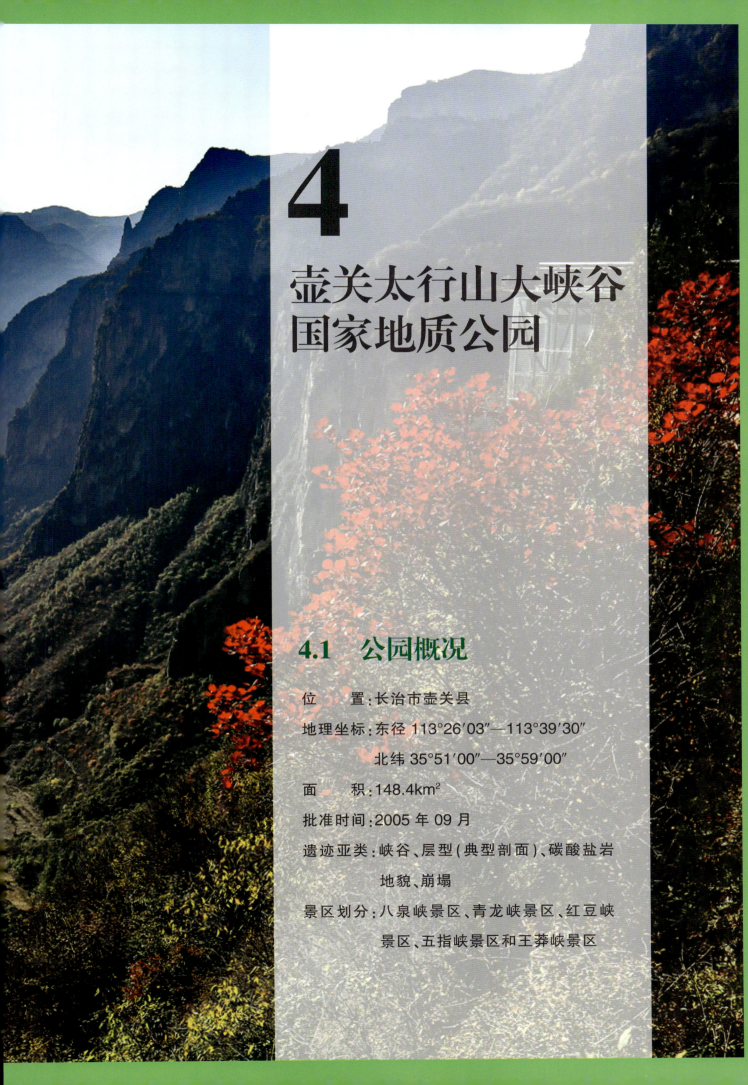

4 壶关太行山大峡谷国家地质公园

4.1 公园概况

位　　置：长治市壶关县

地理坐标：东径 113°26′03″—113°39′30″
　　　　　北纬 35°51′00″—35°59′00″

面　　积：148.4km²

批准时间：2005 年 09 月

遗迹亚类：峡谷、层型(典型剖面)、碳酸盐岩地貌、崩塌

景区划分：八泉峡景区、青龙峡景区、红豆峡景区、五指峡景区和王莽峡景区

4.2 地质地理概况

4.2.1 地理地貌概况

壶关县位于太行山东南端,晋豫两省的交界处,西与山西省长治市郊区、长治县为邻,东与河南省林州市、辉县市相接,北与山西省长治市平顺县相连,南与山西省晋城市陵川县毗邻。壶关太行山大峡谷国家地质公园包括壶关县石坡乡、桥上乡、树掌镇、东井岭乡和鹅屋乡,西北距壶关县城30km,距长治市45km,距太原市250km,东距河南省林州市30km。

公园全境位于太行山南段,地势自西北向东南倾斜,致使西北较缓、东部陡峭。加之地层岩石类型以寒武纪—奥陶纪灰岩为主,经流水常年切割,形成公园内山岭纵横、沟谷交错十分复杂的地形地貌景观。境内大部分地区海拔在1 000～1 300m之间,最高点为石坡乡双井村打虎岭,海拔1 822m;最低点为桥上乡东川底村,海拔仅486m。

公园内河流均属海河流域,以太行山支脉打虎岭—东井岭—神山岭一线为界,呈北东-南西向,分为浊漳河南源、卫河2个支流域。境内5条主要支流,流域面积总计990km²。其中,浊漳河南源流域共3条支流,流域面积516.05km²;卫河流域共2条支流,流域面积473.95km²(图4-1)。

4.2.2 区域地质概况

公园地层属华北地层区山西地层分区,出露地层由老到新有新太古界,中元古界,古生界寒武系、奥陶系、石炭系、二叠系,新生界第四系。其中,寒武系和奥陶系分布面积占公园总面积的2/3以上。

公园大地构造位置处于华北地台中部-山西台隆的东南缘,太行山块隆的中部。区内构造简单,主要由开阔舒缓的复背斜组成。断裂构造东部较发育,中西部不发育。

公园岩浆岩主要分布于中部的李家河—石河沐一线,呈间断线性分布,零星分布于树掌镇西、南两侧。它们是平顺-壶关县-陵川偏碱性中基性侵入杂岩体的重要组成部分。岩性演化趋势是由偏碱性的基性岩(辉长岩)→偏碱性的中性岩(闪长岩、正长闪长岩、二长岩)→偏碱性的酸性岩。分布区内包括了演化系列中数个不同演化阶段的岩石组合,从而形成复式杂岩体。

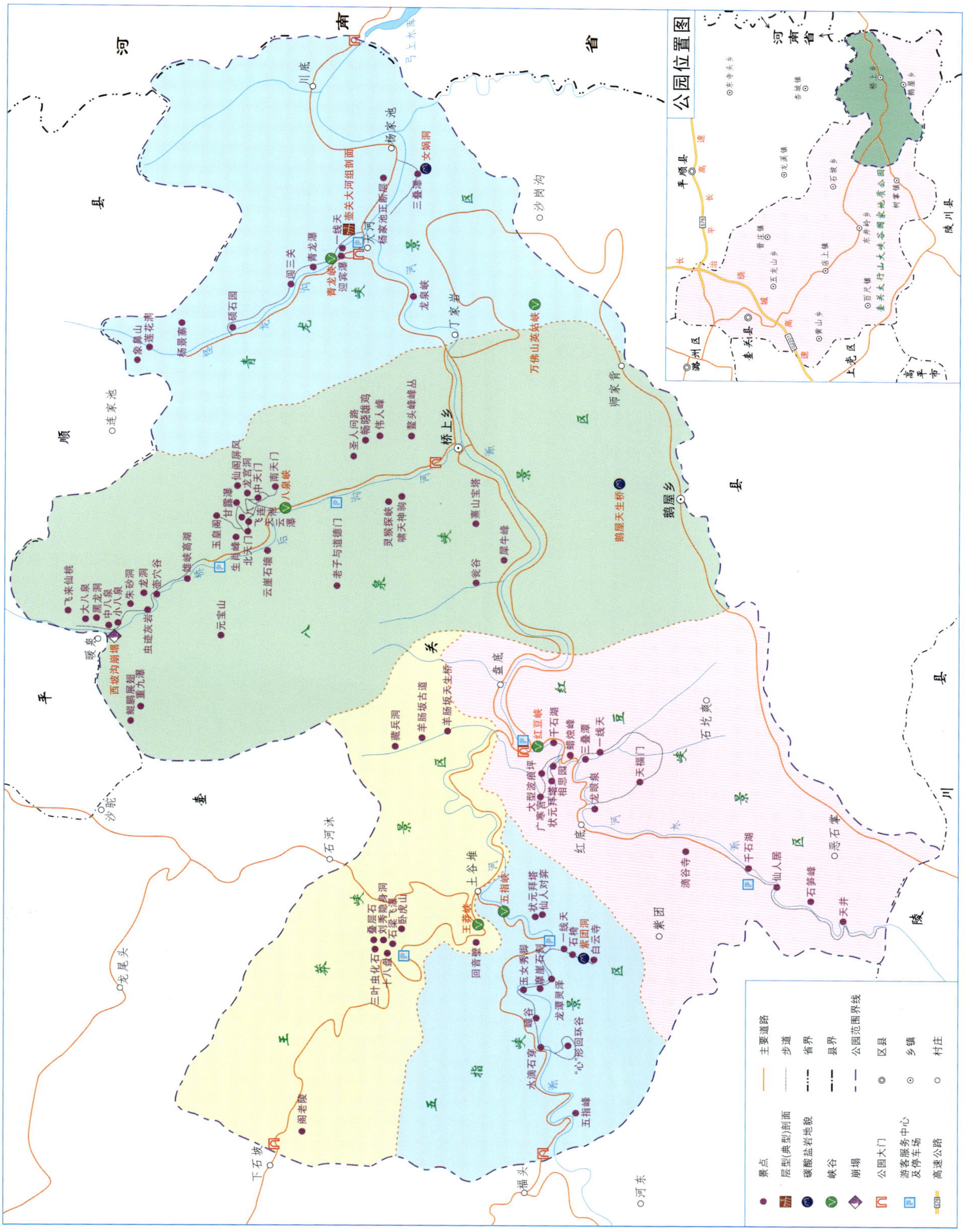

▲图 4-1 壶关太行山大峡谷国家地质公园导游图

4.3 典型地质遗迹资源

4.3.1 壶关山凹八泉峡（世界级）

壶关山凹八泉峡（图4-2、图4-3）位于壶关县桥上乡山凹村。八泉峡，深峡幽涧，迂回曲折，两侧高崖对峙，崖顶奇峰怪石，尽显风采，拟人似物，惟妙惟肖。八泉峡为整个太行山碳酸盐岩区内地质遗迹景观最丰富、最壮观的峡谷。其因有8处泉水而得名，峡谷内常年流水不断，其中尤以上、中、下3处泉水最为优美。其余的景观如飞来仙桃、鲲鹏展翅、大八泉、中八泉、小八泉、黑龙洞、北天门、中天门、南天门、一线天、伟人峰、飞天云瀑各具特色。

▼ 图4-2 壶关山凹八泉峡

▲ 图 4-3　壶关山凹八泉峡

　　八泉峡整体呈"U"形，峡谷全长约 11km，总体呈北西-南东向，谷底宽 10～150m，北段隘谷段一般宽 10m，中段嶂谷段一般宽 20m，南段峡谷段一般宽 100m。谷肩高度为 150～350m，一般为 280m，高宽比值一般为 7，峡谷落差达 800m，谷底坡降度为 3.5%，出露面积约 9km²。整个峡谷地层出露由老到新依次为长城系常州沟组，寒武系馒头组、张夏组、崮山组、三山子组，奥陶系马家沟组。峡谷北段到南段具有不同的特征，北段谷底全被河床占据，一直到八泉峡水库段发育为隘谷，蜿蜒曲折，通行艰难，水库段需乘船通行，中段八泉峡水库至停车场段为嶂谷，停车场至桥上段为峡谷。峡谷中主要伴生鲕粒灰岩、生物礁、天生桥、象形石、壶穴、崩塌、泉、瀑布和溶洞等地质遗迹景观（图 4-4～图 4-9）。

▲ 图 4-4 壶关山凹八泉峡 200m 厚鲕粒灰岩

▲ 图 4-5 壶关山凹八泉峡北天门

◀ 图 4-6 壶关山凹八泉峡象形石"生肖拜天"

▲图 4-7　壶关山凹八泉峡八连池

▼图 4-8　壶关山凹八泉峡瀑布

▲ 图 4-9 壶关山凹八泉峡壶穴

4.3.2 壶关大河青龙峡(国家级)

青龙峡位于壶关县桥上乡大河村,整体呈"V"形,长 3.75km,谷底宽 2～20m,一般宽 10 余米,最窄处仅 2m。谷肩高 80～300m,一般为 200m,高宽比值一般为 20,出露面积为 3.5km²,峡谷整体走向为 330°,谷底坡降度为 4%。

青龙峡是一条高悬在赤壁丹崖上的悬沟,整个峡谷出露地层由老到新依次为新太古界赞皇群,新元古界大河组、赵家庄组,寒武系馒头组、张夏组、三山子组,奥陶系马家沟组。峡谷内伴生不整合面、崩塌、瀑布和峰丛地质遗迹(图 4-10～图 4-12)。

▲图 4-10　壶关大河青龙峡(一)

▲ 图 4-11　壶关大河青龙峡（二）

▲图 4-12 壶关大河青龙峡(三)

4.3.3 壶关马家庄红豆峡(国家级)

壶关马家庄红豆峡位于壶关县桥上乡马家庄村,整体为"U"形,南北向延伸 15km,谷底一般宽 20~30m,最宽处达 50m,最窄处不足 10m,形成一线天、嶂谷。谷肩高 80~300m,高宽比值为 10,出露面积约 5km²。整个峡谷出露地层由老到新依次为寒武系张夏组、三山子组和奥陶系马家沟组。红豆峡中伴生象形石、一线天、嶂谷、瀑布等多类地质遗迹景观(图 4-13~图 4-19)。

▼图 4-13 壶关马家庄红豆峡(一)

▲ 图 4-14 壶关马家庄红豆峡(二)

▲ 图 4-15 壶关马家庄红豆峡瀑布　　　　▲ 图 4-16 壶关马家庄红豆峡谷底溪流

▲图 4-17　壶关马家庄红豆峡谷底水流

▲图 4-18　壶关马家庄红豆峡豆状灰岩

▲图 4-19　壶关马家庄红豆峡竹叶状灰岩

4.3.4　壶关下石坡王莽峡（国家级）

壶关下石坡王莽峡位于壶关县庄则上村至城会村，整体呈"U"形，峡谷九曲回旋，全长 15km，谷底宽 15～50m，一般宽 25m，谷肩高达 200～300m，一般高差为 250m，高宽比值一般为 10，出露面积为 10km²。整个峡谷出露地层由老到新依次为寒武系张夏组、三山子组和奥陶系马家沟组。王莽峡内地质遗迹景观密集，人文景点丰富，素有"三十里画廊"之称。小天桥跨度达 20m 以上，凌空高悬于绝壁之上，仰望恰似天外飞虹。区内还有羊肠坂、十八盘、阁老陵等人文历史遗迹资源。王莽峡中主要伴生叠层石、天生桥和象形石等地质遗迹景观（图 4-20、图 4-21）。

4.3.5　壶关下寺五指峡（国家级）

壶关下寺五指峡位于壶关县桥上乡下寺村至树掌镇南坡垴村，总体走向南西，呈"U"形，全长约 7km，谷底宽度为 20～120m，一般为 80m，谷肩高 100～250m，一般高差为 150m。高宽比值一般为 2，出

图 4-20 壶关下石坡王莽峡抬头仰望 ▶

▼ 图 4-21 壶关下石坡王莽峡

露面积约 5km²。基岩岩性为寒武纪灰岩、白云岩,两侧谷坡陡峭。谷肩上为一座座孤峰及碳酸盐岩峰丛。五指峡中主要伴生象形石、瀑布、溶洞等地质遗迹景观(图4-22~图4-23)。

4.3.6 壶关万佛山英姑峡(省级)

壶关万佛山英姑峡位于壶关县桥上乡丁家岩村。峡谷内基岩由老到新依次为寒武系张夏组厚层—巨厚层鲕粒灰岩、三山子组厚层白云岩和奥陶系马家沟组薄层状泥质灰岩。

英姑峡整体呈"V"形,长5km,谷底宽2~40m,一般宽10余米,最窄处仅2m,形成一线天景观。谷肩高80~300m,一般为200m,高宽比值一般为20,面积为2.5km²。峡谷整体走向为350°,谷底坡降度为4%。峡谷内主要伴生瀑布和峰丛等地质遗迹景观(图4-24)。

▲ 图4-22 壶关下寺五指峡

▲ 图4-23 壶关下寺五指峡象形石"五指峰"

▲ 图4-24 壶关万佛山英姑峡

4.3.7 壶关大河组剖面(省级)

壶关大河组剖面为中元古界长城群大河组正层型剖面,位于壶关县桥上乡大河村。大河组于1988年由武铁山在《山西省岩石地层》中创名。剖面总厚度74.4m,大河组与上覆赵家庄组为整合接触,与下伏太古宙片麻岩为角度不整合接触。剖面露头情况良好,标志层清晰。主要岩性为条带状石英岩状砂岩,含铁量不等而显示出红白相间的条带状,底部发育一层海侵滞留沉积底砾岩,砾石成分大多数为石英,含少量变质岩砾石。局部地段可见2～3层石英砾岩(图4-25)。

4.3.8 壶关鹅屋天生桥(国家级)

壶关鹅屋天生桥位于壶关县鹅屋乡。天生桥发育于寒武系—奥陶系三山子组巨厚层白云岩中。天生桥整体呈拱形,高150m,跨度40m,桥拱厚5～8m,桥面宽3～5m。此处的天生桥是在河流长期冲刷下岩体垮塌而形成,在后期的构造运动作用下,抬升到现在的高度。天生桥造型优美,规模大,气势壮观,桥洞呈标准的圆拱形,有"北方第一天桥"之美称(图4-26)。

▼图4-25 壶关大河组剖面

▲ 图 4-26　壶关鹅屋天生桥

4.3.9　壶关杨家池女娲洞（省级）

壶关杨家池女娲洞位于壶关县桥上乡杨家池村。女娲洞坐落于悬崖绝壁上，基岩为奥陶系马家沟组薄层—中厚层泥质灰岩。洞口高20m，宽10m，离地面30m，洞深约500m，庭洞和洞腔相间分布，最窄处仅容一人通过。溶洞内发育大量钟乳石景观，有石钟乳、石笋、石柱、石幔、鹅管、泉华等，且保存完整，具象形的有鱼跃深潭、小妖吃奶、群妖坐殿、妖将把门、金龟探水等。洞内有地下暗河流淌，洞口常年往外流水（图4-27～图4-30）。

▲ 图 4-27　壶关杨家池女娲洞女娲庙

▲ 图 4-28　壶关杨家池女娲洞洞口

▲ 图 4-29　壶关杨家池女娲洞钟乳石

▲ 图 4-30　壶关杨家池女娲洞石笋

4.3.10 壶关下寺紫团洞(省级以下)

壶关下寺紫团洞位于壶关县桥上乡下寺村紫团山白云寺。溶洞赋存地质体岩性为奥陶系马家沟组青灰色泥晶灰岩,因洞口常有团团紫气缭绕,故称之为紫团洞。洞口朝向南东,高 1.8m,宽 1.3m。洞内呈椭圆形,深 60m,宽 50m,高 3~10m。洞内钟乳石数量类型较多,以石幔、石笋、石柱、石葡萄、鹅管为主。该洞与大多数北方溶洞一样,为干洞,洞内钟乳石均已停止沉积,表面呈灰黑色、灰黄色(图 4-31~图 4-34)。

▲图 4-31　壶关下寺紫团洞口　　　　　　　　　　　　▲图 4-32　壶关下寺紫团洞石葡萄

▲图 4-33　壶关下寺紫团洞石笋 　　　　　　　　　　　▲图 4-34　壶关下寺紫团洞石柱

4.3.11 壶关西坡沟崩塌(省级)

壶关西坡沟崩塌位于壶关县桥上乡八泉峡终点附近。崩塌体发育于区地层由老到新依次为寒武系张夏组、三山子组和奥陶系马家沟组。崩塌体分布面积约0.05km²,在八泉峡索道周边的河道内密集分布,形成景观效应。崩塌体岩性大多为三山子组白云岩和马家沟组灰岩,外形均呈不规则状,形态、大小不一,直径2～8m不等。最具象形的一个崩塌岩块宽10m,高20m,外形酷似仙桃的象形石,取名为"飞来仙桃"(图4-35)。

▲图4-35 壶关西坡沟崩塌"飞来仙桃"

4.4 人文景观资源

壶关县由于其特殊的地质地理环境,至今已有2 200年的悠久历史,在大峡谷及周边地区留下了丰富的文物古迹和革命遗址,主要包括全国重点文物保护单位三嵕庙、沙窟遗址、朱德划界亭遗址、常行窑洞保卫战遗址、真泽宫、杨六郎寨和马奇寨等(图4-36～图4-45)。

▲ 图 4-36 崇云寺

▲ 图 4-37 万佛寺

▲ 图 4-38 红豆杉

▲ 图 4-39 三嵝庙

▲图 4-40　真泽宫

▲图 4-41　真武庙

▲图 4-42　文昌阁

▲图 4-43　朱德划界亭遗址

▲图 4-44　壶关秧歌

▲图 4-45　上党乐户

5 大同火山群国家地质公园

5.1 公园概况

位　　置：大同市云州区、阳高县

地理坐标：东经 113°35′41″—113°59′47″
　　　　　北纬 39°54′33″—40°07′18″

面　　积：129.8km²

批准时间：2009 年 8 月

遗迹亚类：火山机构、火山岩地貌、层型（典型剖面）

园区划分：火山群园区、桑干河园区和秋林峪园区

5.2 地质地理概况

5.2.1 地理地貌概况

山西大同火山群国家地质公园位于山西省东北部，北以外长城为界，与内蒙古自治区相邻，西和南与朔州市、忻州市相连，东与河北省相接。公园东距北京市350km，西离大同市45km，属大同市管辖，行政区划包括云州区阁老山乡、中高庄乡、西坪乡、许堡乡、瓜园乡、册田乡，以及阳高县下深井乡、东小村乡、鳌石乡、友宰乡。

公园内地形起伏较大，地势总体呈南北高、中部低。最高点为公园南部的马山，海拔1946m，最低点为东南边界桑干河南岸，海拔887m，相对高差达1059m。公园地貌类型主要有断块高中山、洪积台地、冲洪积平原以及火山岩地貌等。

公园内河流主要为桑干河，属海河水系，其发源于宁武县管芩山。桑干河经朔州市、山阴县、应县和怀仁市，自西向东流经公园，主要支流包括大王峪、东西岩沟、团堡沟、大峪口沟、防城河、滴水岩河等。公园内地下水资源丰富，主要分布在盆地和洪积平原区，主要为基岩山区岩溶裂隙水、玄武岩裂隙水和倾斜平原孔隙水等(图5–1)。

5.2.2 区域地质概况

公园地层属于华北地层大区中的燕辽分区，出露地层由老到新有太古宇集宁群(桑干河以南为恒山杂岩)，中元古界长城系高于庄组，新元古界青白口系，古生界寒武系、奥陶系，新生界新近系和第四系。

公园大地构造位置处于华北地台北部的大同断陷盆地中部。大同火山群的喷发及平面分布与断裂有着密切的关系，以陈庄–许堡断裂为界，在火山喷发形式、物质组成、地貌形态上，均可明显地分为南、北两区。北区的火山沿许堡–阁老庄断裂分布，而南区的火山沿六棱山北缘断裂和陈庄–于家寨断裂分布。

公园及周边岩浆岩有前寒武纪吕梁期辉绿岩脉、中生代印支期六棱山花岗闪长岩、刘家沟正长闪长岩和侵入在太古宙片麻岩中的辉绿岩脉。但是公园最主要的是第四纪更新世的火山活动及玄武质火山岩。

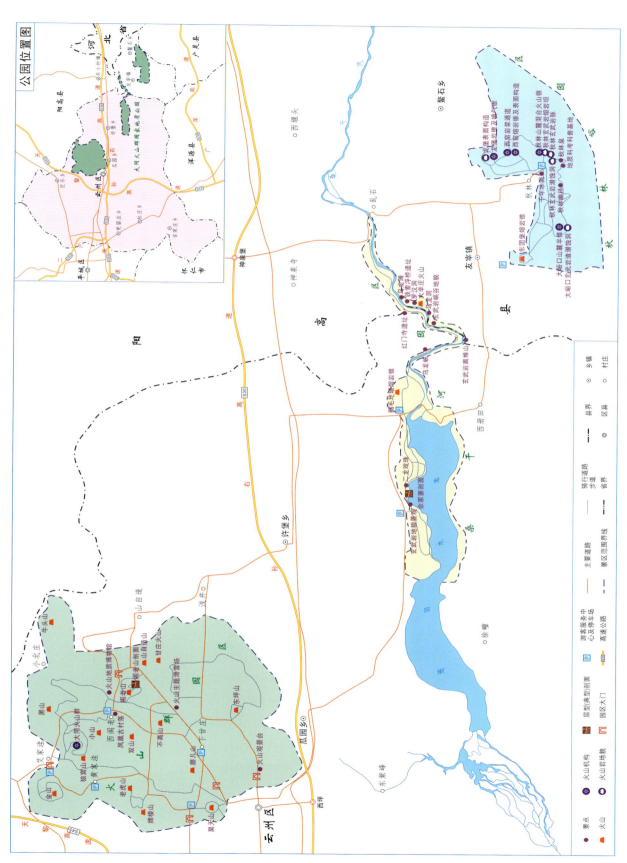

▲图 5-1 大同火山群国家地质公园导游图

5.3 典型地质遗迹资源

5.3.1 大同火山群(世界级)

大同火山群(图5-2)分布于云州区俱乐乡、西坪镇、许堡乡、瓜园乡以及阳高县下深井乡、东小村镇、友宰镇、鳌石乡等地。火山的喷发类型为斯特隆博利式(Stromboli),喷发的固体物质以形状大小各异的火山渣、火山弹为主,时而溢出熔岩,后期以喷发熔结状火山渣和大火山渣,形成火山渣锥,最后形成侵入岩脉。大同火山群有火山锥30个,其中渣锥20个、熔岩锥8个、混合锥2个,在狼窝山和马蹄山的火口内还发育有熔岩穹丘。熔岩流产状包括熔岩舌、熔岩垄、熔岩被、熔岩丘、冲沟充填体、河槽充填体、玄武岩脉(构成火山机构的侵出相)、挤出体。

大同火山群是世界唯一发育在黄土高原上的火山群,同时保存火山渣锥、混合火山锥、熔岩锥3种火山锥。其熔岩地貌中最独特的是保存有形态标准的水下流动构造—枕状构造的玄武岩河道充填

▼ 图5-2 大同火山群

体。同时,喷发、爆发、溢流、喷溢、侵入、挤出 6 种方式形成的绳状构造、柱状节理、溢气道、枕状构造、岩浆通道,以及火山后期的埋藏、风化过程的形态变化产生的火山残锥、残颈、羊尾沟、浅蚀洞等地貌,岩浆作用对围岩和黄土烘烤等现象都完整地保存下来(图 5-3～图 5-6)。

▲图 5-3　大同火山群-金山

▼图 5-4　大同火山群-阁老山

5.3.2　阳高西窑岩浆通道(国家级)

阳高西窑岩浆通道位于阳高县友宰镇西窑村,岩性为第四纪晚更新世册田玄武岩。火山活动受新生代北东向和北西向两组断裂控制,在交会处形成的岩浆与岩浆房的通道。西窑岩浆通道口平面上呈椭圆形,通道口长 35cm,宽 20cm。岩浆通道内熔岩与围岩表面特征截然不同,围岩致密,无气孔,通道内熔岩疏松,气孔密集发育,形成了一条极易辨别的分界面(图 5-7)。

▲图 5-5 大同火山群阁老山（郭丙大 摄）

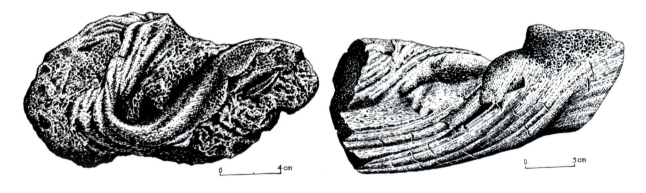

▲图 5-6 大同火山群火山弹素描图（徐朝雷 提供）

5.3.3 阳高秋林山麓混合火山锥（国家级）

阳高秋林山麓混合火山锥位于阳高县友宰镇秋林村南秋林峪西坡，六棱山与大同盆地交会处，大同火山群的东南部。火山活动受六棱山山前断裂控制，海拔1 280m，距地面高差80～100m，分布面积0.08km²。晚更新世玄武岩沿六棱山断裂喷出，火山碎屑与熔岩流顺山坡向下流动，挂在北坡形成混合火山锥，基底为六棱山花岗岩。秋林混合火山锥由层状的火山碎屑与熔岩构成。锥体中心位置，锥体顶部出露厚20m的火山渣，表面呈炉渣状，中间呈蜂窝状，有灰红、灰紫、灰蓝3种颜色。下部出露灰黑色致密状玄武岩,隐晶质结构,致密块状构造,气孔不发育。火山锥西北坡可见玄武岩熔岩层面构造,火山锥以罕见的山麓半锥的形式保存在盆地山前断裂带的山麓带,是不同期次和喷发方式的产物(图5-8)。

5.3.4 阳高龙堡岩锥及喷气锥(国家级)

阳高龙堡岩锥及喷气锥位于阳高县友宰镇龙堡村东南,锥体共20个,面积0.8km²。最大者东西长10m,南北宽6m,高3.5m,锥口玄武岩气孔大小为4～6cm,锥体底部玄武岩气孔大小为1～2cm。熔岩锥为岩浆沿裂隙喷溢形成的低矮的鼓包。熔岩锥周围具有明显的熔岩流动构造。喷气锥是在熔岩流表层凝结成硬壳后,壳体下的熔岩还在流动时,气体聚集在壳体下,产生的压力使还在流动的熔岩和气体从壳层的裂口中喷出,至压力平衡为止。锥体岩性为橄榄玄武岩,细斑状结构,基质以间粒结构为主,尚有交织结构及辉绿结构,矿物组分极少有次生变化,K-Ar年龄为0.23Ma(图5-9)。

▲ 图5-7 阳高西窑岩浆通道

▲ 图5-8 阳高秋林山麓混合火山锥

▲ 图5-9 阳高龙堡岩锥及喷气锥

5.3.5 阳高西窑熔岩锥及表面构造(国家级)

阳高西窑熔岩锥及表面构造位于阳高县友宰镇西窑村东,锥体共有 10 个,面积 0.22km²。最大者东西长 15m,南北宽 12m,高 3m。锥口附近玄武岩气孔大小为 4~6cm,锥体底部玄武岩气孔大小为 1~2cm。岩性为第四纪中更新世册田玄武岩。西窑熔岩锥与龙堡熔岩锥为同一期岩浆活动,为玄武岩岩浆沿裂隙、单一通道喷溢形成的低矮鼓包。熔岩顺着鼓包持续向周边流动,厚 3~5m,局部被黄土覆盖。表壳构造形成在溢流过程中,熔岩表壳冷却形成塑性外壳,内部的熔岩冷却相对较慢,液态熔岩仍继续流动,并逸出气体,表壳受到推挤、拖拉、扭动和膨胀,从而产生这种表面波状起伏、似长绳盘绕的塑性变形,这种熔岩在美国夏威夷十分常见(图 5-10)。

▲图 5-10 阳高西窑熔岩锥及表面构造

5.3.6 阳高大峪口山麓半锥(国家级)

阳高大峪口山麓半锥位于阳高县友宰镇大峪口旧村南,六棱山与大同盆地交会处,大同火山群的东南部受六棱山山前断裂控制。山麓半锥高 50m,面积 0.03km²。火山锥位于大峪口冲沟出口处西侧。晚更新世玄武岩沿断裂喷出,火山碎屑与熔岩流顺山坡向下流动而形成半圆锥形,火山口以南为六棱山。半锥顶部为厚 10m 的灰黑色致密状玄武岩,隐晶质结构,致密块状构造,气孔不发育。中部为 20m 厚的火山渣又称火山熔渣,表面呈炉渣状,中间呈蜂窝状,有灰红、灰紫、灰蓝 3 种颜色。火山锥底部可见一个长 25m、宽 8m、高 20m 的孤立花岗岩株,犹如挡墙一般支撑着玄武岩体。火山锥与花岗岩株之间的玄武岩体为一套灰黑色致密状玄武岩,疑为顶部玄武岩的垮塌块体(图 5-11)。

▲图 5-11 阳高大峪口山麓半锥

5.3.7 阳高秋林玄武岩熔岩坝(国家级)

阳高秋林玄武岩熔岩坝发育于第四纪晚更新世册田玄武岩中,岩性主要为橄榄玄武岩,细斑状结构,基质以间粒结构为主,尚有交织结构及辉绿结构。熔岩坝海拔 1 400m,长 200m。熔岩沿六棱山断裂喷发,山坡有大量火山砾石堆积,有灰黑色致密状玄武岩及紫红色玄武岩渣。六棱山北坡玄武岩坝顶三面环山,北边开口,长 1.3km,宽 400m,中间形成了一道上宽下窄的"V"形冲沟,其深 50m。可以推断熔岩大量喷发时,秋林沟堵塞,形成了一座距沟底 270m、有蓄水功能的熔岩坝。六棱山洪流大量蓄积,形成堰塞湖,玄武岩坝难以承载强大的水压,造成垮塌,形成两个缺口。长期风化与流水冲积作用形成了熔岩坝残留(图 5-12)。

▲图 5-12 阳高秋林玄武岩熔岩坝

5.3.8　大同阁老山剖面(省级)

大同阁老山剖面位于云州区阁老山乡阁老山。根据《山西省岩石地层》,大同阁老山剖面为阁老山玄武岩正层型剖面,由山西省岩石地层专题组创名。1977年王兴武等测制该剖面。该组厚27.7m,夹于峙峪组上部,岩性为玄武质火山碎屑岩及火山岩流,上覆岩层为薄层土黄色亚砂土,下伏岩层为土黄色、灰白色、灰绿色含砂砾黏土,粉砂土,砂层夹砂砾等河流相堆积(图5-13)。

▲图5-13　大同阁老山剖面

5.3.9　大同余家寨剖面(省级)

大同余家寨剖面位于云州区许堡乡余家寨村。根据《山西省岩石地层》,余家寨剖面为册田玄武岩正层型剖面,由山西省岩石地层专题组创名。1977年王兴武等测制该剖面。该组厚7.5m,岩性为覆盖于泥河湾组河湖相堆积之上的玄武质火山喷发岩流及火山碎屑岩层,与下伏泥河湾组平行不整合接触,上覆薄层含砾粉细砂、粉砂土等(图5-14)。

5.3.10　阳高龙堡表面构造(省级)

阳高龙堡表面构造位于阳高县友宰镇龙堡村东南。发育于第四纪晚更新世册田玄武岩中,晚更新世玄武岩喷发,岩性主要为橄榄玄武岩,细斑状结构,基质以间粒结构为主,尚有交织结构及辉绿结构,矿物组分极少有次生变化,K-Ar年龄为0.23Ma(安卫平和苏宗正,2008),面积为0.8km²。熔岩厚

3～5m，局部可见气孔状、熔渣状玄武岩。熔岩顶部气孔扁平，发育绳状构造，流向指示明显，绳状熔岩沿流动方向呈弧形弯曲或呈链形排列，弧顶多指向熔岩流动方向。熔岩表壳构造形成在溢流过程中，熔岩表壳冷却形成塑性外壳，内部的熔岩冷却相对较慢，液态熔岩仍继续流动，并逸出气体，表壳受到推挤、拖拉、扭动和膨胀从而产生这种表面波状起伏，似长绳盘绕的塑性变形(图 5-15)。

5.3.11　阳高秋林玄武岩潜蚀洞（省级）

阳高秋林玄武岩潜蚀洞位于阳高县友宰镇秋林村南，秋林火山锥北坡。火山碎屑与岩浆沿山坡溢流，可见山坡上玄武岩呈层状出露。由于层状玄武岩中夹有许多火山碎屑，质地破碎，易风化、侵蚀。火山形成之初，山体地势较低，洞穴所在位置位于潜水面附近，之后山体持续抬升，形成如今位于半山腰的潜蚀洞景观（图 5-16）。

▼图 5-14　大同余家寨剖面

▲图 5-15　阳高龙堡表面构造　　　　　　　　　　▲图 5-16　阳高秋林玄武岩潜蚀洞

5.3.12 阳高秋林玄武岩脉(省级)

阳高秋林玄武岩脉位于阳高县友宰镇秋林村南。岩性为册田玄武岩,主要为橄榄玄武岩。玄武岩形成于秋林火山活动的晚期,充填于秋林沟花岗岩裂隙中。长期的流水作用下秋林沟中玄武岩渣弹层被流水侵蚀并搬运走,玄武岩熔岩坝与秋林沟垂直高差逐渐加大,流水侵蚀作用增强,位于花岗岩裂隙中的玄武岩脉也遭到侵蚀,并被流水带走,两侧花岗岩陡壁可见玄武岩残留。秋林瀑布向北70m,秋林沟宽度加大,沟谷西侧有长10m,宽1.5~2m的玄武岩脉部分保存。玄武岩脉呈黑灰色,隐晶质结构,致密块状构造,玄武岩脉与花岗岩接触处发育冷凝边和烘烤边,在脉体内部有小型花岗岩捕虏体(图5-17)。

▲图5-17 阳高秋林玄武岩脉

5.3.13 阳高大峪口玄武岩渣潜蚀洞(省级)

阳高大峪口玄武岩渣潜蚀洞位于阳高县友宰镇大峪口旧村南,大峪口火山渣锥东南侧半山腰。火山碎屑与岩浆沿山坡溢流,可见山坡上玄武岩呈层状出露。由于层状玄武岩中夹有许多火山碎屑,质地破碎易风化。火山形成之初,山体地势较低,洞穴位于潜水面附近,山体持续抬升,形成如今位于半山腰的潜蚀洞景观。潜蚀洞内岩壁光滑,潮湿冰冷(图5-18)。

▲ 图5-18 阳高大峪口玄武岩渣潜蚀洞

5.4 人文景观资源

　　大同地区自战国时期起已经设置行政管理，当时为赵国的"边陲要地"，至今已有2 300多年的历史。据《金史》记载，大同府每年的贡物有松明、松脂，说明当时山上松林苍翠。意大利旅行家马可·波罗，在《马可·波罗游记》中称赞大同是"一座宏伟而又美丽的城市""这里商业相当发达，各样的物品都能制造，尤其是武器和其他军需品更加出名"。

　　火山群园区内主要人文景观有昊天寺（图5-19）及其内殿堂和万佛塔、黑山烽火台、东梁峰火台、金山玄武岩佛洞窟、自然村落等，加上公园内外其他人文景观和地方风物，丰富了公园的旅游活动。同时借助国内著名的大同市云岗石窟景区，在大同火山群国家地质公园建成后，两大景区交相呼应，自然与人文相得益彰，成为大同市旅游发展的两大亮点。

　　桑干河园区主要人文古迹有余家寨、金代山寨及龙泉寺遗址，金代石刻大辛庄古堡、小龙门铁索桥遗址、罗汉洞、红门寺遗址、顾炎武驻足处等(图 5-20、图 5-21)。

秋林峪园区主要人文古迹有元代丞相康里脱脱墓、李殿林故居、释迦塔、琉璃洞遗址、友宰古堡等。

▲图 5-19 昊天寺(郭丙大 摄)

▲图 5-20 桑干河(孙进军 摄)

▲图5-21 桑干夕照(孙进军 摄)

6 陵川王莽岭国家地质公园

6.1 公园概况

位　　置：晋城市陵川县

地理坐标：东经 113°18′43.2″—113°36′42.3″
　　　　　北纬 35°33′10.5″—35°41′43.9″

面　　积：62.12km²

批准时间：2009 年 8 月

遗迹亚类：碳酸盐岩地貌、峡谷

园区划分：王莽岭园区、黄围山–门河园区

6.2 地质地理概况

6.2.1 地理地貌概况

陵川王莽岭国家地质公园位于陵川县东南部,行政区划属晋城市。公园地貌总体特点是东部高山峡谷,中部中山丘陵,西部黄土盆地,平均海拔约1 300m,属中山区。公园内海拔最高点为王莽岭东侧的驼峰,海拔1 725m,最低点为马圪当乡甘河村,海拔590m,高差达1 135m。

公园河流分为丹河和卫河两个流域,分别隶属于黄河和海河两大水系。其中,最主要的河流共有5条,属于丹河流域的有廖东河(东大河)和原平河(西大河),属于卫河流域的有武家湾河、香磨河和北召河。园区内风化剥蚀强烈,基岩裸露,土壤厚度小且分布零星。仅在河谷和开阔缓山地区有少量土壤分布。按其成因,土壤可分为红色黏性土、黄土、黄白色钙质土、黑色腐质土4种土壤类型(图6-1、图6-2)。

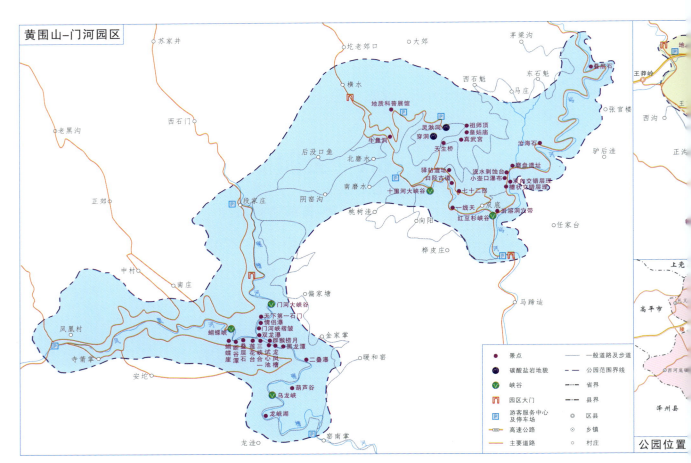

▲图6-1 陵川王莽岭国家地质公园导游图

6.2.2 区域地质概况

公园地层属华北地层区山西地层分区,出露地层由老到新依次为新太古界,中元古界长城系大河组,下古生界寒武系—奥陶系馒头组、张夏组、三山子组和马家沟组,上古生界太原组、山西组,新生界第四系离石组、马兰组、峙峪组和沱阳组。

公园位于中生代形成的太行山复背斜西翼,总体构造轮廓清楚,构造线呈北东向,新生代又整体隆升形成河流阶地。不同时代的构造形迹具有各自时代的地质构造特征。由老到新可划分为中元古代构造、中生代燕山期构造和新生代喜马拉雅期构造。中元古代,华北地台构造活动性减小,裂谷作用不显著,地壳构造运动微弱,大部分处于稳定的滨浅海相沉积环境,区内开始接受长城系滨浅海型碎屑岩类沉积。中生代以来,华北板块进入了一个相对活跃的地壳活动、岩浆活动时期。区内构造变形主要表现为一系列不同方向、不同性质、不同期次的脆性断裂及褶皱构造。陵川复式向斜作为山西地块的重要地质构造单元,其规模大,影响广泛。与大型近南北向褶皱所伴生的次级褶皱群及脆性断裂广泛分布于区内南东部的沉积盖层区。新生代喜马拉雅期构造运动在区内表现十分活跃,总体表现在拉伸构造体控制下,以继承性断裂和地壳间歇性抬升为主导运动形式,使得太行山脉等山体整体抬升,基岩山体遭受剥蚀,河流下切,其两侧形成多级阶地,造就了现今地貌景观和河流网络格局。

区内岩浆岩出露面积较小,主要为分布于六泉乡一带,为中生代碱性—偏碱性岩,其次为分布于山西省东南部与河南省交界地带,属太古宙深成侵入体。

▲ 图 6-2　陵川王莽岭国家地质公园主碑

6.3 典型地质遗迹资源

6.3.1 陵川王莽岭碳酸盐岩地貌（世界级）

陵川王莽岭碳酸盐岩地貌位于王莽岭园区，出露面积为 10.5km²。该区地层自下而上为中元古界大河组，寒武系馒头组、张夏组、三山子组，奥陶系马家沟组。该区为研究太行山地区地壳抬升演化史，以及中元古代、早古生代不同时期的岩相古地理特征、地貌特征、岩溶特征的极好地段。同时，每个时期形成的间断面、形成的各类岩石、不同类型的沉积构造、古生物，也是科研、教学、科普的经典地段。碳酸盐岩形成的绵延 1km 以上的大型峰丛，处在河南省、山西省分水岭，峭壁如屏，十分壮观。该碳酸盐岩地貌主要由峰丛、大型象形石、石林组成，同时伴生平行不整合面、大型水平滑动构造面、峡谷等亚类地质遗迹（图 6-3～图 6-13）。

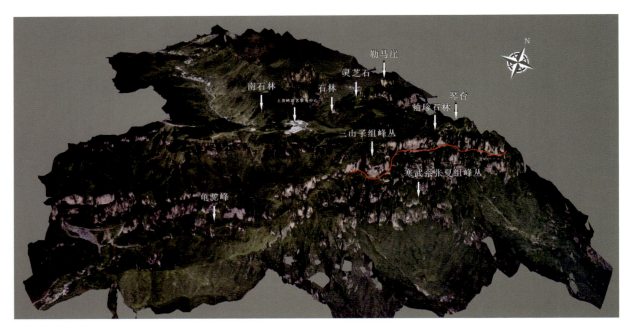

▲图 6-3　陵川王莽岭碳酸盐岩地貌三维图

▼图 6-4 陵川王莽岭碳酸盐岩地貌"太行至尊"

▲图 6-5 陵川王莽岭碳酸盐岩地貌

▲ 图 6-6 陵川王莽岭碳酸盐岩地貌袖珍石林（一）（王权 摄）

▲ 图 6-7 陵川王莽岭碳酸盐岩地貌袖珍石林（二）

▲ 图 6-8 陵川王莽岭碳酸盐岩地貌峰林（一）　▲ 图 6-9 陵川王莽岭碳酸盐岩地貌峰林（二）

▲ 图 6-10　陵川王莽岭碳酸盐岩地貌"石库天书"

▲ 图 6-11　陵川王莽岭碳酸盐岩地貌"灵芝石"

▲ 图 6-12　陵川王莽岭碳酸盐岩地貌"抚琴台"　　　　▲ 图 6-13　陵川王莽岭碳酸盐岩地貌"龟驼峰"（王权 摄）

6.3.2　陵川黄围灵湫洞（省级）

陵川黄围灵湫洞位于陵川县马圪当乡黄围山。该洞位于黄围山半山腰，洞口朝向250°，洞内向南东向延伸。溶洞发育于马家沟组三段泥质灰岩中。洞口经过改造修建有石墙、石门。洞穴沿岩层的层面和节理扩展，洞内水平延伸100m，最宽处达40m，高10～15m，面积约4 000m²，温度在10℃左右。灵湫洞从入口向内共分为3个大厅。洞内钟乳石密集发育，琳琅满目，各具造型，引人入胜，有石笋、石柱、石幔、鹅管等。从古至今，人们给洞内的钟乳石景观起了许多象形的名称，一直流传到现在的有五祖像、神井、龙王庙、天门、石伞等，人们曾在石笋上雕刻造像（图6-14～图6-17）。

6.3.3　陵川黄围山穿洞（省级）

陵川黄围山穿洞位于陵川县马圪当乡黄围山的山顶，基岩为马家沟组四段黑灰色厚层云斑灰岩。该穿洞为两处洞穿山体的溶洞，两洞并列分布且大小相近，两洞相距15m，洞顶面厚5m，纵深10m，宽4m，高7～9m（图6-18）。

6.3.4 陵川锡崖沟峡谷(世界级)

陵川锡崖沟峡谷位于陵川县锡崖沟村一带,分为碳酸盐岩峡谷和碎屑岩峡谷,谷肩大多呈"直立"状,为"V"形峡谷,面积约20km²。碳酸盐岩峡谷长6km,谷底宽20~100m,平均宽50m,谷肩之间宽约100m,谷深100~900m,平均深度200m,宽深比值为0.05。碎屑岩峡谷长4km,谷底宽5~30m,平均宽15m,谷肩之间宽20~70m,平均宽25m,谷深200~800m,平均深度300m,宽深比值为0.09。组成峡谷地质体自下而上为新太古界赞皇群、长城系大河组、赵家庄组、寒武系馒头组、张夏组、三山子组。

锡崖沟峡谷内太古宇—下古生界发育连续、完整,各个时代之间的间断面露头好,接触关系清晰,不同时代的岩相古地理特征、地貌特征、岩溶特征发育齐全,各种特殊岩类、碳酸盐岩以及碎屑岩中的沉积构造、古生物,是科研、教学、科普的经典地段。同时,由碎屑岩、碳酸盐岩两套岩石组合形成的峡谷在国内少见,其中碎屑岩各类沉积构造极为发育,类型齐全、数量大、露头好。张夏组的鲕粒灰岩厚达200m以上,三山子组的生物礁灰岩厚达150m,国内罕见。该峡谷中主要伴生地层剖面、沉积构造、层理构造、特殊岩类、障壁岩、奇迹石和象形石等地质遗迹(图6-19~图6-34)。

图6-14 陵川黄围灵湫洞石笋和石柱

▲ 图 6-15 陵川黄围灵湫洞石笋

▲ 图 6-16 陵川黄围灵湫洞石笋造像——唐代石佛

▲ 图 6-17　陵川黄围灵湫洞石柱

▲ 图 6-18　陵川黄围山穿洞

▲ 图 6-19　陵川锡崖沟峡谷三维图

▼ 图 6-20　陵川锡崖沟峡谷石英岩状砂岩段

▲ 图 6-21　陵川锡崖沟峡谷挂壁公路全景图

▼ 图 6-22　陵川锡崖沟峡谷长城系砂岩平行层理

▲ 图 6-23　陵川锡崖沟峡谷板状交错层理　　　　　　　　▲ 图 6-24　陵川锡崖沟峡谷羽状交错层理

▲ 图 6-25　陵川锡崖沟峡谷槽状交错层理　　　　　　　　▲ 图 6-26　陵川锡崖沟峡谷楔状交错层理

▼ 图 6-27　陵川锡崖沟峡谷泥裂　　　　　　　　　　　　▼ 图 6-28　陵川锡崖沟峡谷波痕

▼ 图 6-29　陵川锡崖沟峡谷泥裂铸形

▲ 图 6-30 陵川锡崖沟峡谷干涉波痕

▲ 图 6-31 陵川锡崖沟峡谷 MISS 构造

▲ 图 6-32 陵川锡崖沟峡谷雨痕

▲ 图 6-33 陵川锡崖沟峡谷奇迹石

图 6-34 陵川锡崖沟峡谷石柱 ▶

6.3.5 陵川王莽岭门河大峡谷(国家级)

陵川王莽岭门河大峡谷位于陵川县夺火乡与马圪当乡交界处,凤凰村东。峡谷整体呈"U"形谷,长1.5km,平面上呈"S"形延伸,谷底蜿蜒曲折,宽度为10~30m,一般宽20m,谷肩高50~150m,一般高度为80m,高宽比值一般为4,出露面积为0.5km²。峡谷出露的地层主要为寒武系张夏组和三山子组。峡谷内地质遗迹景观丰富,主要有天生桥、钙化壁、瀑布、叠层石礁体等(图6-35~图6-37)。

▲图 6-35　陵川王莽岭门河大峡谷

▲图 6-36　陵川王莽岭门河大峡谷瀑布

▲图6-37 天生桥"天下第一石门"素描图(徐朝雷 提供)

6.3.6 陵川红豆杉峡谷(省级)

陵川红豆杉峡谷位于黄围山-门河园区。峡谷整体呈"U"形,长约28km,走向10°,谷底宽8~50m,谷肩高200~500m,高宽比值为10~24。出露面积20km²。峡谷出露地层主要为寒武系张夏组和三山子组。峡谷主要由一线天、岩溶陡壁、灰岩石柱、峰丛地貌组成,并伴有河流景观带、侵蚀凹槽、灰岩节理、波痕、侵蚀槽、流水侵蚀台、小型悬泉、小型壶口瀑布、"之"字形二级瀑等不同亚类地质遗迹。此外,峡谷两壁还生长着上万株濒危物种——南方红豆杉,是南方红豆杉自然保护区的一部分(图6-38~图6-43)。

▲ 图 6-38　陵川红豆杉峡谷

▲ 图 6-39　陵川红豆杉峡谷波痕

▲ 图 6-40 陵川红豆杉峡谷波痕和节理

▲ 图 6-41 陵川红豆杉峡谷泉和瀑布

▲ 图 6-42 陵川红豆杉峡谷南方红豆杉

▲ 图 6-43　陵川红豆杉峡谷小壶口瀑布

6.3.7　陵川黄围十里河大峡谷（省级）

陵川黄围十里河大峡谷位于黄围山-门河园区，整体呈"U"形，长约 6km，谷坡近直立，谷底宽 10～50m，谷肩高 100～300m，高宽比值为 6～10，出露面积 3km²，走向 127°。峡谷岩性为寒武系张夏组厚层状鲕粒灰岩。该峡谷由岩溶陡壁、一线天组成，并伴有流水沟槽、基岩崩塌、溶洞群等其他亚类地质遗迹。峡谷内的白径古道在历史上是连通河北平原与山西高原的"太行八陉"之一。入口位于峡谷北段，是白陉古道最艰险而保存最完好的一段。据记载，白陉古道始建于晋代以前，为避开十里河大峡谷洪水的危害和匪害，古人在峡谷北侧的岩壁上开山凿石，修路建桥，铺设了长约 4km 的盘山古道（图 6-44、图 6-45）。

图 6-44　陵川黄围十里河大峡谷（一）▶

▲ 图 6-45　陵川黄围十里河大峡谷（二）

6.3.8　陵川王莽岭蝴蝶峡（省级）

陵川王莽岭蝴蝶峡位于陵川县夺火乡凤凰村东，整体呈"U"形，谷长约 1.5km，谷底宽 10～20m，谷肩高 80～100m，高宽比值为 5～8，出露面积 0.5km²。峡谷岩性为寒武系张夏组厚层状鲕粒灰岩。峡谷主要的地质遗迹景观有蝴蝶崖、叠瀑、叠层石等（图 6-46～图 6-48）。

▲ 图 6-46　陵川王莽岭蝴蝶峡蝴蝶崖

▲ 图 6-47　陵川王莽岭蝴蝶峡断谷潭

▲ 图 6-48　陵川王莽岭蝴蝶峡叠层石礁体

6.3.9 陵川王莽岭乌龙峡（省级）

陵川王莽岭乌龙峡峡谷整体呈"U"形，位于公园黄围山-门河园区，长约4km，谷底宽30～50m，谷肩高50～80m，高宽比值为1.3～1.8，出露面积2km²，岩性为寒武系张夏组厚层状鲕粒灰岩。峡谷主要的地质遗迹景观有潭、龙凤槽、壶穴、群猴捞月等（图6-49～图6-53）。

▲ 图6-49 蝴蝶峡-门河峡-乌龙峡"三峡合一"

▲ 图6-50 陵川王莽岭乌龙峡　　　　　　▲ 图6-51 陵川王莽岭乌龙峡黑龙瀑

▲ 图6-52　陵川王莽岭乌龙峡"龙凤槽"

▲ 图6-53　陵川王莽岭乌龙峡泉华"群猴捞月"

6.4 人文景观资源

陵川县文化景观资源十分丰富，有历朝历代不可移动文物1 300处，有全国重点文物保护单位14处，居于山西省县区前列。陵川县内明清时代的崇安寺（图6-54）、唐代的真泽宫、宋金时期的南北吉祥寺、金代的西溪二仙庙等具有极高的艺术价值，可谓是物华天宝，被誉为"中国金元时期古建艺术博物馆"。陵川县注册了"锡崖沟""太行山""围棋源地"三大旅游商标，形成了太行山水、金秋红叶、围棋源地、金元古建四大旅游品牌，具有很高的历史价值、艺术价值、研究价值和科学价值。

此外，陵川县的古道、关隘文化保存着白陉古道、七十二拐和锡崖沟"挂壁公路"。同时，遍布于陵川县的灯棚、社火、八音会、传统手工艺、剪纸、面塑、风味小吃等，反映了太行山人民纯朴的人文风貌，民俗文化是"太行风情"的重要组成部分，具有浓郁的地方特色。

白陉古道:陵川县为山西省的东南门户。山西省自古有通往华北平原及中原大地的8条峡谷状车马道路,人称"太行八陉"。这些古陉、古道都为南北文化的交流、民族文化的融合以及晋商文明的传播提供了交通便利。盘旋在十里河大峡谷峭壁中部、距今2600余年的白陉古道,是古代太行八陉中的第三陉。白陉绵延百里,山高谷深,地势险峻,磨河纵贯其间,雨季常使交通中断。

七十二拐:当地人称为"七十二捆",是从双底村西上,折返72次的"之"字形爬山步道,全长约1.5km,宽2m,路面用青石块铺砌,沿路有护墙,旅游考古价值极高。明代嘉靖时期有重修碑记。其下端双底村原有碑亭,内立记述白陉的石碑8~9块。今碑亭已无,碑多损毁或砌入民宅墙内。

锡崖沟"挂壁公路":锡崖沟位于距陵川县城60km的古郊乡东端晋、豫两省交界处,在四周落差约1 000m的深谷之中,该区峭壁环列,地势险峻,总面积约15km²。自古以来,因地形险要,无行路之便,偶有壮侠之士舍命出入。自1962年至1991年,全村830人苦战30个春秋,在头上壁立千仞、脚下万丈深渊的悬崖峭壁上,用双手、钢钎、铁锤在悬崖峭壁上凿出了一条长7.5km的"之"字形"挂壁公路",谱写了一曲人与大自然抗争的英雄壮歌,铸成了中国乡村筑路史上的奇迹,成为罕见的人文景观,享誉全国。如今的锡崖沟梯田如带,缓起缓落,现代文明的空气使这里生机益然,更加妩媚。这里已经被山西省定为爱国主义教育基地。

▲图6-54 崇安寺

7 平顺天脊山国家地质公园

7.1 公园概况

位　　置：长治市平顺县

地理坐标：东经 113°34′18″—113°42′22″
　　　　　北纬 36°02′17″—36°15′03″

面　　积：174km²

批准时间：2011年12月

遗迹亚类：峡谷、碳酸盐岩地貌、河流景观带、瀑布

景区划分：通天峡景区、天脊山景区、神龙湾景区

7.2 地质地理概况

7.2.1 地理地貌概况

平顺天脊山国家地质公园位于太行山中段,东邻河南省林州市,西连山西省长治市、潞城市,南毗壶关县,北接黎城县。公园隶属长治市平顺县管辖,行政区划包括虹梯关乡、东寺头乡及杏城镇。

公园内峰峦叠嶂,山高坡陡,沟深谷幽,整个地势东南高西北低。东南和中部诸峰海拔均在1 600m以上,最高海拔1 736m,西部、北部山峰相对较低,海拔1 000～1 400m。东北部虹霓河出园区口处最低,海拔680m,最大高差达1 056m。

公园在燕山运动所塑造的地貌形态的基础上,受长期侵蚀、剥蚀作用及夷平作用后,形成准平原化,后经喜马拉雅运动及新构造运动,山地处于强烈上升,地壳多次间歇性升降和断裂,遭受剥蚀、夷平和堆积,形成目前山地地貌明显的阶梯状特征。公园在内力作用下形成高峻的断块山地,地貌形态反映了以构造侵蚀和流水地质作用为主的特征(图7-1)。

7.2.2 区域地质概况

公园地层属华北地层区山西地层分区,出露地层由老到新为中太古界赞皇群,中元古界长城系大河组、赵家庄组和常州沟组,下古生界寒武系—奥陶系馒头组、张夏组、崮山组、三山子组和马家沟组,新生界第四系。地层以下古生界分布最为广泛,且发育齐全。沉积岩石类型众多,特色明显,有少量岩浆岩出露。

公园大地构造位置处于华北地台山西台隆太行山复背斜北段,区域地质构造特征以北北东向展布的开阔舒缓褶皱为主,断裂构造不甚发育,西部平顺-陵川构造杂岩体横贯南北。新构造运动遗迹发育,对公园内山水景观等各类地质遗迹的形成起着重要作用。

7.3 典型地质遗迹资源

7.3.1 平顺神龙湾天瀑峡(世界级)

平顺神龙湾天瀑峡位于平顺县东寺头乡南地村西。峡谷基岩为寒武系张夏组巨厚层鲕粒灰岩和三山子组巨厚层白云岩。峡谷总长约6km,宽30～50m,最窄处仅0.3m。峡谷高80～150m,谷坡较缓,

▲图7-1 平顺天脊山国家地质公园导游图

两侧形成峰丛、崖壁。谷底可见大量崩塌岩块,长10～30m不等,最长为50m,谷底水流清澈见底。天瀑峡是太行山碳酸盐岩峡谷的典型代表,具有奇、雄、险、特的特征。峡谷内伴生有青龙洞、玉龙瀑、一线天、斧劈崖、节理崖、叠层石、崩塌等地质遗迹(图7-2～图7-5)。

　　青龙洞延伸约100 m,洞内最大的特色是保存完好的边石堤,并有鹅管、石钟乳、石葡萄等钟乳石(图7-6、图7-7)。玉龙瀑落差达136m,是国内高瀑之一。"L"形一线天长590m,宽0.3～2.5m,谷坡直插云霄,是天瀑峡最经典的地段,也是国内一线天的典型代表(图7-8、图7-9)。

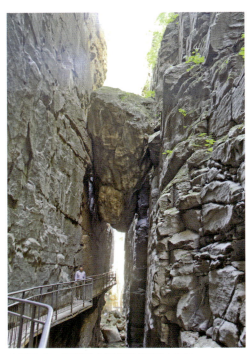
▲ 图7-2　平顺神龙湾天瀑峡"惊心石"

▲ 图7-3　平顺神龙湾天瀑峡玉龙瀑

▲ 图7-4　平顺神龙湾天瀑峡斧劈崖

▲ 图 7-5 平顺天脊山神龙湾天瀑峡节理崖

▲ 图 7-6 平顺天脊山神龙湾天瀑峡青龙洞石钟乳

▲ 图 7-7 平顺天脊山神龙湾天瀑峡青龙洞边石堤

▲ 图 7-8 平顺神龙湾天瀑峡"L"形一线天

▲ 图 7-9　平顺神龙湾天瀑峡一线天

7.3.2　平顺虹梯关通天峡（国家级）

平顺虹梯关通天峡位于平顺县虹梯关乡。峡谷除入口处出露少量常州沟组砂岩外，主要岩性为寒武系张夏组厚层—巨厚层鲕粒灰岩和三山子组厚层白云岩。

通天峡整体呈"U"形，北东-南西向延伸。主峡谷长 26km，谷底宽 8～30m，一般宽 15m，谷肩高 100～300m，一般高 200m，峡谷底部有小河流过，峡谷植被发育，以灌木为主，出露面积为 48.03km²。通天峡内地质遗迹十分丰富且颇具景观价值，有石猴观日、仙人石、瀑布、崩塌、断层、河流侵蚀地貌、龙脊岭、壶穴等（图 7-10～图 7-17）。

图 7-10 平顺虹梯关通天峡 ▶

▲ 图 7-11 平顺虹梯关通天峡嶂谷

▲ 图 7-12 平顺虹梯关通天峡龙脊岭

▲ 图 7-13 平顺虹梯关通天峡"乾坤大回转"

▲ 图 7-14　平顺虹梯关通天峡谷壁

▲ 图 7-15　平顺虹梯关通天峡石柱"仙人峰"

▲ 图 7-16　平顺虹梯关通天峡象形石"神龟"

▲ 图7-17 平顺虹梯关通天峡三叠瀑

7.3.3 平顺秦光峡谷(省级)

平顺秦光峡谷位于平顺县东寺头乡秦光村。峡谷出露地层由老到新依次为寒武系馒头组、张夏组、崮山组、三山子组,奥陶系马家沟组。秦光峡谷整体呈"U"形,长5.1km,呈北西-南东向延伸,谷底宽10~80m,一般宽30m,谷肩高50~500m,一般高380m,高宽比值一般为12.66,谷坡垂直陡立,坡角近90°,出露面积5.2km²。峡谷口三山子组厚层白云岩中发育一处与手掌五指极其相似的象形石,高15m,宽12m(图7-18、图7-19)。

▲图 7-18 平顺秦光峡谷

▲图 7-19 平顺秦光峡谷象形石"五指石"

7.3.4 平顺石窑滩老洞沟峡谷(省级)

平顺石窑滩老洞沟峡谷位于平顺县东寺头乡石窑滩村。峡谷出露地层由老到新依次为寒武系张夏组、崮山组、三山子组,奥陶系马家沟组。张夏组和崮山组灰岩仅分布于峡谷的南东端,三山子组白云岩构成了峡谷谷坡,马家沟组灰岩出露于谷肩部位。

老洞沟峡谷整体呈"U"形,长3km,呈北西-南东向延伸,谷底宽20~200m,一般宽30m,谷肩高50~500m,一般高200m,高宽比值一般为6.66,出露面积为1km²。峡谷整体呈南东陡、北西缓的特征,南东侧地形险峻,谷底通行艰难,在谷坡开凿有一段长约500m的挂壁公路。峡谷内发育崩塌群、象形石、溶洞等典型地质遗迹(图7-20~图7-23)。

▼图7-20 平顺石窑滩老洞沟峡谷

▲ 图 7-21　平顺石窑滩老洞沟峡谷谷肩及象形石"神犬对望"

▼ 图 7-22　平顺石窑滩老洞沟峡谷象形石"孤胆女侠"

▲ 图 7-23　平顺石窑滩老洞沟峡谷谷底崩塌

7.3.5　平顺张家凹碳酸盐岩地貌(国家级)

平顺张家凹碳酸盐岩地貌位于平顺县东寺头乡张家凹村东,东西长约 1.3km,南北宽 500m,分布面积 0.53km²。该处碳酸盐岩地貌由石芽和峰丛两类地质遗迹组成。石芽和峰丛是碳酸盐岩地貌发育的两个阶段。三山子组地层内垂直节理发育密集,地表水沿节理长期溶蚀形成石芽,伴随着风化作用和重力作用逐渐形成石林和峰丛(图 7-24～图 7-26)。

石芽分布区东西长 350m,南北宽 70m,面积约 0.03km²,共出露 600 余处,分布密度较大。石芽一般高 0.5～1m,顶面呈平面形或尖棱形,侧面发育刀砍纹,部分石芽具象形特征(图 7-27)。

峰丛以三山子组白云岩为载体，张夏组灰岩为基座。石峰相互簇拥，高低错落，高 2～30m，直径 0.5～10m，在 0.5km² 范围内，共出露 100 余处石峰。峰丛发育部位与山脚沟谷高差达 500m，居高临下，更增加了碳酸盐岩地貌的景观效应。

▼ 图 7-24　平顺张家凹碳酸盐岩地貌

▲ 图 7-25　平顺张家凹碳酸盐岩地貌峰丛

▲ 图 7-26　平顺张家凹碳酸盐岩地貌石柱

▲ 图 7-27 平顺张家凹碳酸盐岩地貌石芽

7.3.6 平顺阱底碳酸盐岩地貌(省级)

平顺阱底碳酸盐岩地貌发育于平顺县东寺头乡阱底村周边,北东-南西向延伸约6km,分布面积约18km²。该地貌出露地层由老到新依次为中元古界长城系常州沟组,寒武系张夏组、崮山组、三山子组,奥陶系马家沟组。该处碳酸盐岩地貌主要发育峰丛和节理柱(图7-28、图7-29)。

峰丛:发育于阱底村两侧山脊边坡处,三山子组厚层白云岩中。基岩在长期风化侵蚀及重力作用下,岩体沿节理崩塌形成。石峰高10~40m,直径5~20m,阱底村北东侧山脊上较密集,密度达60处/km²。石峰高低错落,形态各异,有圆柱状、尖棱状、馒头状等不同造型。其中一处石峰和后方山体相连呈神龟造型(图7-30)。

节理柱:发育于阱底村两侧张夏组厚层鲕粒灰岩构成的岩壁上。节理柱平行排列且垂直延伸近百米,是中国北方具有代表性的地质遗迹。

▲ 图 7-28 平顺陷底碳酸盐岩地貌

▲ 图 7-29 平顺陷底碳酸盐岩地貌峰丛

▲ 图 7-30 平顺陷底碳酸盐岩地貌节理柱

7.3.7 平顺七子沟苍龙洞（省级）

平顺七子沟苍龙洞位于平顺县东寺头乡七子沟村东，洞口位于山脚。该洞发育于三山子组中厚层白云岩中。洞口高 3m，宽 10m，朝向西南，洞内长 80m，宽 40m，高 1～3m，面积约 1 600m²，洞内轮廓呈"圆弧"形。该洞面积虽小，但石笋、石柱、鹅管、边石堤、石钟乳等钟乳石密集发育，且许多钟乳石、鹅管等仍在继续接受沉积。洞内共有 200 余处石笋、30 余处石柱以及数量可观的鹅管和石钟乳。边石堤位于洞内南东侧，共有 6 层阶梯，呈"圆弧"状，单层高 8～12cm，总高差 60cm，单层厚度为 3～5cm，边石堤分布面积 50m²（图 7-31、图 7-32）。

▲图 7-31　平顺七子沟苍龙洞石柱

▲图 7-32　平顺七子沟苍龙洞边石堤

7.3.8 平顺天脊山天泉瀑布(国家级)

平顺天脊山天泉瀑布位于平顺县东寺头乡。瀑布周围地质体岩性由老到新依次为寒武系馒头组、张夏组和三山子组,为典型细长、悬落垂直型河道单级瀑布,落差达220m,枯水期瀑宽1m,丰水期瀑宽6.5m,水质清澈,水流常年不断。瀑布围谷分布于瀑布下方,呈圆形、椭圆形或半圆桶状地貌景观,平面投影呈环状,似一侧开口椭圆桶状,与瀑布同高220m(图7-33、图7-34)。

▲图7-33 平顺天脊山天泉瀑布

图7-34 平顺天脊山▶
天泉瀑布观瀑天桥

7.3.9 平顺虹霓瀑布(省级)

平顺虹霓瀑布位于平顺县虹梯关乡虹霓村。瀑布赋存地质体为中元古界常州沟组。瀑布高75m，为二叠瀑，第一层高5m，第二层高70m，水流共两股，每股宽1~1.5m，水量较大。虹霓瀑布及周边发育石林、石柱和断层(图7-35、图7-36)。

7.3.10 平顺天脊山崩塌(省级)

平顺天脊山崩塌体基岩为寒武系、奥陶系灰岩—白云岩。崩塌体分布面积0.02km²，局部崩塌体密集分布，形成景观效应，主要有三生缘、桃源聚和金蟾吐玉等。

三生缘：重力崩塌体地貌组合，由3块大小相近、相互依靠的大型崩塌岩块组成，崩塌体长、宽、高均为15m左右，形状不规则，崩落岩块堆积到河床底部，受流水侵蚀，表面光滑(图7-37)。

桃源聚：重力崩塌体地貌组合，崩塌体长、宽、高均为10m，面积约800m²，崩塌体的岩性主要为三山子组厚层白云岩，多块崩落岩块堆积到河床地带，一块较大者上建有凉亭(图7-38)。

金蟾吐玉：外形酷似蟾蜍的崩塌象形石，长6m，宽3m，高2m。

▼图7-35 平顺虹霓瀑布虹霓山水

▲图 7-36 平顺虹霓瀑布

▲图 7-37 平顺天脊山崩塌三生缘

▲图 7-38 平顺天脊山崩塌桃源聚

7.4 人文景观资源

公园所在地平顺县历史悠久，源远流长。大禹治水、王莽赶刘秀、唐王追窦王、李白登太行等史实和传说均出于这块神奇的土地。青山绿水之中点缀了10处国家级文物保护单位和5处省级文物保护单位，以及汉寨、唐堡、赵长城等1 566处文物古迹，折射出中华民族璀璨的历史文化。其中，天台庵为中国仅存的4处唐代木构建筑之一；龙门寺集五代、宋、金、元、明、清6朝建筑于一寺，为中国仅有；大云院的五代壁画是中国仅存的两处之一；虹梯关是山西省八大古关之一；建于后唐的明惠大师塔，为原构方形石塔，距今已有1 170多年，为全国仅有；还有金灯寺、九天圣母庙、三晋第一碑等均有极高的科学研究与观赏价值。

平顺县也是革命老区，解放战争时期，朱德、杨献珍、何长工、赵作霖等老一辈无产阶级革命家曾在这里居住战斗，留下光辉的足迹。社会主义建设时期，这里涌现出全国第一个互助组的组建者及爱国丰产运动的首创者李顺达；举起男女同工同酬大旗第一人，中国唯一的第1届至第11届全国人大代表申纪兰。李顺达、申纪兰的家乡西沟村已成为闻名华夏的旅游圣地。

公园内的重要人文景观则有明惠大师塔（图7-39）、虹梯关古道（图7-40）、虹梯关铭碑（图7-41、图7-42）以及挂壁公路等。

▲图7-39 明惠大师塔

▲ 图 7-40　虹梯关古道

▲ 图 7-41　虹梯关铭碑

图 7-42　虹梯关铭文 ▶

8 永和黄河蛇曲国家地质公园

8.1 公园概况

位　　置：临汾市永和县

地理坐标：东经 36°36′55.4″—36°53′43.8″
　　　　　北纬 110°22′3.9″—110°30′3.1″

面　　积：105.61km²

批准时间：2011 年 12 月

遗迹亚类：河流景观带、碎屑岩地貌、黄土地貌

景区划分：英雄湾景区、永和关湾景区、郭家湾景区、河浍里湾景区和仙人湾景区

8.2 地质地理概况

8.2.1 地理地貌概况

永和黄河蛇曲国家地质公园位于山西省与陕西省交界处。公园东距山西省临汾市180km，北距山西省太原市280km，西距陕西省延安市160km，北起前北头，南至佛堂，西到黄河中线，东到四十里山，行政区域包括山西省永和县南庄乡、打石腰乡和阁底乡。

公园位于吕梁山西侧，东部的吕梁山支脉四十里山呈南北向展布。公园内沟壑纵横，地形被切割得支离破碎。阁底乡多为残垣沟壑区，打石腰乡、南庄乡及黄河沿岸地区为梁峁沟壑区。公园内东高西低，最高点为打石腰乡东山脊黑龙神圪塔，海拔1 321m，最低点为千只沟河入黄河口的取材湾，海拔511.9m，相对高差709.1m。

公园属浅层黄土覆盖的石质丘陵，地貌形态以土石梁峁和沟谷为主，黄土覆盖较薄，坡面、沟谷流水侵蚀和重力侵蚀严重，溯源侵蚀十分活跃。在新构造运动相对平稳阶段，河流的下蚀作用相对减弱，侧向侵蚀作用相对加强，由于多次的继承性侧蚀作用，在重力崩塌协调作用下，使原来弯曲度不大的河谷更加弯曲，形成公园现今的蛇曲地貌(图8-1)。

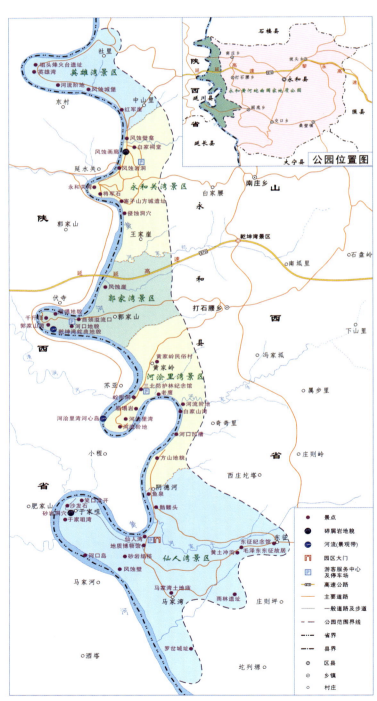

▲图8-1 永和乾坤湾黄河蛇曲地质公园导游图

8.2.2 区域地质概况

公园地层属华北地层区山西分区。区内缺失早古生代及以前的地层,自晚古生代开始接受陆缘碎屑沉积。出露地层由老到新依次为中三叠统延长组,新生界第四系中更新统离石组、上更新统马兰组。

公园内主要地层为延长组,其岩层产状较平缓,大致呈向西缓倾的波状起伏的单斜层,构造形迹以褶皱和挠曲为主,断裂较少。公园内无岩浆活动。

8.3 典型地质遗迹资源

8.3.1 永和乾坤湾黄河蛇曲地貌(世界级)

永和乾坤湾黄河蛇曲地貌(图 8-2)位于晋陕黄河大峡谷中,北起永和县前北头,南至佛堂,西到黄河中线,东到四十里山,南北长 50km,东西宽 1~10km,总面积约 105km²。乾坤湾总体呈南北向展布,河床形态整体呈"U"形,河流长 58km,直线距离 31km,平均曲率为 1.89;河床落差 52.7m,河床纵比降为 0.09%,河床宽度为 80~400m,河流三级阶地距河床高差为 80~150m,一般 110m。河床两岸地层出露由老到新依次为三叠系延长组,新生界第四系中更新统离石组、上更新统马兰组。

▼ 图 8-2 永和乾坤湾黄河蛇曲地貌于家咀湾

永和乾坤湾黄河蛇曲地貌位于浅层黄土覆盖的石质丘陵,地貌形态以土石塬峁和沟谷为主,山丘成土头石腰结构型,黄土覆盖较薄,坡面、沟谷流水侵蚀和重力侵蚀严重,溯源侵蚀十分活跃。在新构造运动相对平稳阶段,河流的下蚀作用相对减弱,侧向侵蚀作用相对加强,由于多次的继承性侧蚀作用,在重力崩塌协调作用下,使原来弯曲度不大的河谷更加弯曲,形成如今的蛇曲地貌。

永和乾坤湾黄河蛇曲由7个"娴静婉约"的大湾构成,湾湾有美景,湾湾让人震撼,湾湾沉淀了厚重的黄河文化,湾湾抒不尽美丽的诗篇。区内黄土地貌发育,黄土塬、梁、峁、沟壑勾出了黄土高原的真、拙、淡、朴的自然美。黄河蛇曲和黄土地貌默契组合,更为黄土高原增添了百折不挠、顽强拼搏的力量之美(图8-3～图8-9)。

8.3.2 永和河浍里湾河心岛(国家级)

永和河浍里湾河心岛位于河浍里湾北西侧。该处为河浍里湾内清涧河汇入黄河的入口,形成了形似"大脚"的河心岛,当地人称为"鞋岛"。其形成是河水携带大量泥沙堆积于黄河入口,由黄河河口产生壅水堆积而成。河心岛长约1 000m,宽50～240m,面积约0.1km²(图8-10)。

▲ 图8-3 永和乾坤湾黄河蛇曲地貌仙人湾

▲ 图 8-4 永和乾坤湾黄河蛇曲地貌白家山湾

▲ 图 8-5 永和乾坤湾黄河蛇曲地貌河浍里湾（赵伟 摄）

▲ 图 8-6 永和乾坤湾黄河蛇曲地貌郭家山湾

▲ 图 8-7 永和乾坤湾黄河蛇曲地貌永和关湾

▲ 图 8-8 永和乾坤湾黄河蛇曲地貌英雄湾（赵伟 摄）

▲ 图 8-9 黄河蛇曲国家地质公园主景区

图 8-10 永和河浍里湾河心岛

8.3.3 永和于家咀砂岩洞穴（省级）

永和于家咀砂岩洞穴位于永和县于家咀村东三级阶地上，赋存于延长组中细粒、灰黑—灰黄—肉红色长石砂岩中，砂岩发育平行层理、交错层理，单层厚 3~5cm。洞穴开口朝向 10°，洞口高 3.5m，宽 5m，洞深 15m，洞内整体呈弧形，发育大量岔洞，犹如迷宫一般。这种类型的洞穴在山西省仅发育于黄河沿岸，该洞规模较大，具有重要的科普价值和景观价值（图 8-11、图 8-12）。

8.3.4 永和关风蚀画廊（省级）

永和关风蚀画廊分布于永和关村附近沿黄公路东侧的陡立绝壁上，赋存于三叠系延长组长石砂岩中，绵延 2.5km。风蚀地貌基本形态为风蚀摩崖、风蚀洞穴与风蚀蘑菇，形态组合为各种象形地貌，分布极为连续。风蚀画廊是在太阳辐射、水、大气和生物的差异风化作用下，使岩石物理性质和化学成分发生变化后而形成。

▲ 图 8-11 永和于家咀砂岩洞穴

▲ 图 8-12 永和于家咀砂岩洞穴水平层理

8.4 人文景观资源

永和县是中华民族文明的发祥地之一,历史文化、民俗文化、红色文化独具魅力。永和县是人类文明鼻祖伏羲的故里,县境内还发现了旧石器遗址、新石器遗址、商周墓葬遗址、汉代城堡遗址,并出土了大量的珍贵文物。此外,县境内还有多处抗日战争和解放战争时期留下的革命遗址,具有重要的革命教育意义。公园内的人文景观资源主要包括古城遗址、古关口、碑记、石刻、古码头、黄河原生态文化村落以及革命遗址等(图 8-13～图 8-19)。

▼图 8-13　东征纪念馆

▲ 图 8-14　关帝庙

▲ 图 8-15　剪纸

▲ 图 8-16　红军井

▲ 图 8-17 黄土高原黄土地貌

▲ 图 8-18 三北防护林示范工程

▲ 图 8-19 黄河岸畔

9 榆社古生物化石国家地质公园

(榆社国家级重点保护古生物化石集中产地)

9.1 公园概况

位　　置：晋中市榆社县

地理坐标：东经 112°44′23.22″—112°55′41.51″

　　　　　北纬 36°59′38.01″—37°5′26.03″

面　　积：72.13km² (地质公园)

　　　　　95.02km² (古生物化石集中产地)

批准时间：2014 年 1 月 (国家地质公园)

　　　　　2014 年 1 月 (国家级古生物化石

　　　　　　集中产地)

遗迹亚类：古动物化石产地、层型 (典型剖面)

景区划分：云竹湖景区、桃阳景区和巴掌沟景区

保护区划分：云竹保护区、沤泥洼保护区、银郊保

　　　　　护区、任家堖保护区和郝北保护区

9.2 地质地理概况

9.2.1 地理地貌概况

榆社古生物化石国家地质公园和榆社国家级重点保护古生物化石集中产地坐落于太行山西麓，山西省东南部，浊漳河北源西岸，位于晋中市与长治市之间，北距晋中市直线距离65km，南距长治市100km，行政区域包括榆社县西南部的云竹镇与河峪乡（图9-1、图9-2）。

依据成因类型划分，公园及周边地貌主要包括构造剥蚀地貌、构造侵蚀地貌和堆积地貌；依据形态类型划分则为丘陵和谷地地貌；依据物质组成划分主要包括碎屑岩地貌和黄土地貌。公园主体分布于云竹盆地及其东北部，其中巴掌沟景区位于云竹河南岸。公园地势总体为由南、北两岸向云竹河谷倾斜。海拔一般在1 000~1 100m，最高为枣林沟东北山1 238m，最低为公园东南河谷地带，海拔不足980m。

公园内地表水主要是浊漳河北源最大支流——云竹河。公园地下水则主要分布于云竹盆地中，多为孔隙水，依据埋藏条件划分为潜水和承压水两种类型。潜水含水层岩性为第四系砂、卵、砾石，厚度小于20m；承压水含水层岩性主要为新近系砂卵砾石，厚度20~50m。

9.2.2 区域地质概况

公园地层属华北地层区山西分区，出露地层以中生界三叠系和新生界新近系、第四系为主。其中，二马营组分布最为广泛；新近系和第四系分别以中新统、上新统及下更新统为主，包括马会组、高庄组、麻则沟组、离石组和马兰组。

公园大地构造位置位于华北板块东部、山西板内造山带的沁水板坳中部、娘子关—阳城北北东向块凹中段的榆社新生代断陷盆地内。地理位置上东西两侧分别为太行山和太岳山，北为通梁山，南以低山丘陵与长治盆地相隔。地质构造主要表现为大型的开阔褶皱，断裂构造不发育。公园范围内未见岩浆活动。

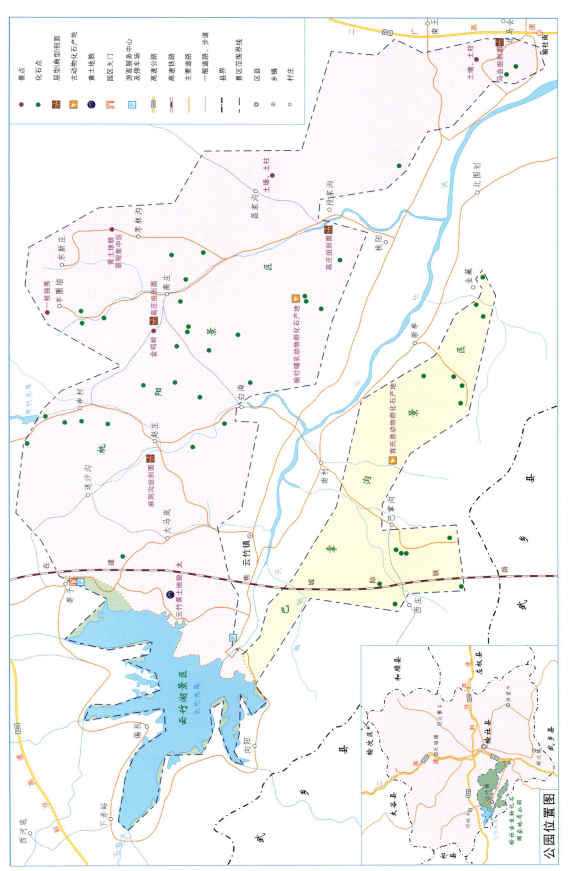

▲图 9-1 榆社古生物化石国家地质公园导游图

▲ 图 9-2 榆社国家级重点保护古生物化石集中产地导游图

9.3 典型地质遗迹资源

9.3.1 榆社哺乳动物群化石产地（世界级）

榆社哺乳动物群化石产地位于榆社县箕城镇、云竹镇、郝北镇等地，分布面积约30km²。该产地的化石主要形成于新近纪和第四纪不同地质历史时期，包括哺乳动物、脊椎与无脊椎动物、软体与微体类、植物化石等，产出地层为新生界中新统马会组、上新统高庄组、麻则沟组。

马会组产出哺乳动物化石26属50余种，主要有李氏三趾马、榆社剑齿象、维氏嵌齿象、中国五棱齿象、楔形五棱齿象、中间齿轨象、师氏剑齿象、巴氏剑齿虎、大唇犀、新俄罗斯鹿、始柱角鹿、低枝角鹿、三角小羚羊、高氏羚羊比较种等（图9-3～图9-12）。

高庄组产出哺乳动物化石37属70余种，有食虫目鼩鼱、鼹鼠科、啮齿目松鼠科、睡鼠科、仓鼠科、鼢鼠科、跳猪科、兔形目兔科，食肉目犬科、熊科、鼬科、猫科、长鼻目短颌象科、嵌齿科、真象科，奇蹄目马科，偶蹄目猪科、骆驼科、鹿科、牛科等。

▲图9-3 社哺乳动物群化石产地大唇犀

▲图9-4 榆社哺乳动物群化石产地剑齿象

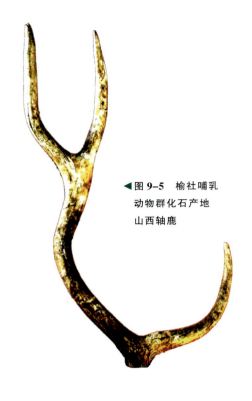

◀ 图 9-5 榆社哺乳动物群化石产地山西轴鹿

▲ 图 9-6 榆社哺乳动物群化石产地师氏剑齿象

▲ 图 9-7 榆社哺乳动物群化石产地扇角鹬鹿

▲ 图 9-8 榆社哺乳动物群化石产地贺风三趾马头骨

▲ 图 9-9 榆社哺乳动物群化石产地低枝祖鹿

▲图9-10 榆社哺乳动物群化石产地桑氏剑齿象下颌骨

▲图9-11 榆社哺乳动物群化石产地陆龟

▲图9-12 榆社哺乳动物群化石产地剑齿虎与鬣狗

麻则沟组产出哺乳动物化石60余种，有丁氏鼢鼠、三门马、梅氏双角犀、中国古野牛比较种、翁氏转角羚羊、裴氏转角羚羊比较种、中国羚羊比较种、蒙古羚羊（鹅喉羚比较种）、羚羊、山东绵羊、黑鹿、山西轴鹿、布氏大角鹿、平额原齿象、德永古菱齿象、纳玛古菱齿象、真犀科等。

"榆社动物群"是介于"保德动物群"和"泥河湾动物群"之间的具有自身特色的动物群，在新生代动物群中具有独特性和典型性，特别是其中以榆社当地命名的哺乳动物化石和不断发现的新属、新种，其无论是其数量、种类，还是完整性、珍贵性都将成为中国乃至世界之最。榆社盆地是新生代哺乳动物化石的宝库，特别是大型哺乳动物化石，种类繁多，结构完整，在国内外享有盛名，它们记录了晚新生代上新世至早更新世时段多种哺乳动物进化的痕迹，具有重要的生物进化研究和科普价值。

早期发现的大批珍贵化石流落海外，包括德国、英国、法国、瑞士、芬兰、俄罗斯等国家。中华人民共和国成立结束了榆社化石外流历史，1983年建立榆社化石博物馆，用以保存古生物化石。该区现已建立山西榆社古生物化石国家地质公园和山西榆社国家级重点保护古生物化石集中产地，区内化石出露点得到了有效保护（图9-13、图9-14）。

▲ 图 9-13 榆社动物群馆藏化石

◀ 图 9-14 榆社动物群馆藏化石

9.3.2 榆社肯氏兽动物群化石产地（国家级）

榆社肯氏兽动物群化石产地分布于晋中市榆社县箕城镇、云竹镇、郝北镇等地。肯氏兽动物群产出于区内银郊村和巴掌沟村二马营组第三段灰绿、黄绿色中层中细粒长石砂岩夹紫红色泥岩中。中国肯氏兽是三叠纪中期的大型二齿兽类，它的头骨较大，前部结构十分沉重，而后部则较为轻巧，上颌骨钝而宽厚，在上颌骨的突起处有两颗向下生长的长牙，枕部宽而低，下颌骨缝合部分则宽而长。中国肯氏兽的面部肌肉并不发达，可能无法像其他二齿兽类那样切割植物，只能通过上颌骨大口咬下植物的枝叶再吞咽下去。中国肯氏兽的行动迟缓，适宜生活在温暖的气候环境中。

中国肯氏兽动物群的存在可以确定中三叠世的地层时代，还可以证实冈瓦纳大陆的存在。同时对于说明南方大陆、北方大陆在地理上的连接也具有十分重要的意义。它支持了"关于大陆间相互关系的设想"，为中亚腹地在早三叠世时是兽孔类进化和迁徙的中心的可能性提供了证据（图9-15、图9-16）。

▲ 图9-15 榆社肯氏兽动物群化石产地银郊肯氏兽

▼ 图9-16 榆社肯氏兽动物群化石产地肯氏兽化石点

9.3.3 榆社云竹马会组剖面（国家级）

榆社云竹马会组剖面为马会组正层型剖面。马会组分布于公园东部小杜余沟—南王—北马会以西，桃阳—段家沟以东地带。主要为砂砾或卵砾石层、砂层，其次为亚砂土、亚黏土及黏土。砂砾石层，呈灰黄、灰褐及灰紫色。砾石成分主要为灰黄、灰褐及黄绿色三叠系砂岩，约占90%；其次为石英岩、灰岩、花岗岩等，砾石的砾径大小、磨圆和分选程度因地而异。砂层一般呈灰黄、灰褐、浅紫色，一般为中、粗粒，偶含砾砂层，常具交错层理。总体而言，马会组底部为浅棕红色角砾岩，下部为中厚层黄色和浅桔黄色砂和紫棕红色薄层黏土互层；中部为砾石层及黏土；上部为灰白、灰绿色薄层钙质黏土和粉砂。含腹足类、哺乳动物化石及孢粉等。已记载的哺乳动物共计26属50余种，主要类型有原鼢鼠、郊熊、巴氏剑齿虎、鼬鬣狗、林氏额鼻角犀、平齿三趾马、斯氏弓颌猪、长颈鹿、高氏羚羊、桑氏剑齿象、丁氏剑齿虎、李氏三趾马等，与保德动物群面貌相近。马会组与下伏二马营组、上覆高庄组均为不整合接触，厚200m（图9-17）。

▲图9-17 榆社云竹马会组剖面地层露头

9.3.4 榆社云竹高庄组剖面（国家级）

榆社云竹高庄组剖面为高庄组正层型剖面。剖面出露良好，部分覆盖。高庄组厚约450m，根据岩性、接触关系、地层时代等特征，高庄组自下而上可分为桃阳段、南庄沟段及醋柳沟段。

高庄组桃阳段：厚94.3m，自下而上分为12层，整体产状倾向北西，倾角约20°。主要岩石类型有金黄色巨厚层粗砂层、土黄色中—厚层细—粗砂层、猪肝色主要岩石类型有金黄色巨厚层粗砂层、土黄色中—厚层细—粗砂层、猪肝色中薄层黏土层、锈黄色粗砂层、金黄色泥质细砂层等，层理发育。

高庄组南庄沟段：厚94.5m，自下而上分为15层，倾向北西，倾角小于20°。主要岩石类型有土黄色粗砂质细砾岩、锈黄色厚层状粗砂层、金黄色厚层粗砂层、土黄色粗砂层、紫色泥质细砂层—砂质黏土层、中薄层紫红色砂质黏土层、灰黄色薄层状黏土岩、黄褐色黏土层、猪肝色黏土层和泥灰岩等，含哺乳动物化石，层理发育。

高庄组醋柳沟段：厚116.9m，自下而上分为11层，倾向北西，倾角小于10°。主要岩石类型有灰黄色含砾粗砂层、褐黄色（含砾）粗砂层、灰紫色含砾粗砂层、灰紫色泥质粗砂层、紫色泥质粗砂岩、薄层黄色粗砂层、紫色薄层砂质黏土层、猪肝色—土黄色砂质黏土层、灰紫色砂质黏土层、猪肝色黏土层和黄绿色泥岩等，哺乳动物化石丰富，层理发育。

高庄组产出大量哺乳动物化石，是研究新近纪古地理环境和沉积环境演化的理想层位。以高庄组命名了年代地层单位高庄阶，为华北地区相关地层的划分与对比研究提供了依据（图9-18）。

▲图 9-18 榆社云竹高庄组剖面桃阳段露头

9.3.5 榆社云竹麻则沟组剖面（国家级）

▼图 9-19 榆社云竹麻则沟组剖面地层露头

榆社云竹麻则沟组剖面为麻则沟组正层型剖面。剖面出露地层总厚度为 76.6m，可分为 12 层，倾向北西，倾角小于 20°。主要岩石类型有土黄色厚层状粗砂岩、土黄色粗砂层、紫色砂质黏土层、灰黑色砂质黏土层、深灰黑色黏土层等，哺乳动物化石、植物化石、螺和双壳类化石发育，水平层理、斜层理发育。

麻则沟组地层中产出大量哺乳动物化石，是研究新近纪古地理环境和沉积环境演化的理想层位，麻则沟阶以麻则沟组命名（图 9-19）。

9.3.6 榆社云竹黄土地貌（国家级）

公园内广泛分布的晚新生代松散岩层为黄土地貌的形成和发育提供了物质条件，地面流水侵蚀作用则为地貌的形成和塑造提供了动力条件。在黄土分布区，潜蚀和流水侵蚀作用有的直切基岩之上，有的切入新近系不同时代的地层之中，使公园内松散地层被切割得支离破碎，形成黄土梁、黄土沟、黄土墩、黄土墙、黄土塔、黄土林、黄土柱、黄土桥等各种地貌形态。由于组成地层物质成分的变化、侵蚀切割的深度不同而使这些地貌表现出不同的外貌特征，以致出现形态和颜色上的多样性。丰富的黄土地貌形象生动，美不胜收，令人叹为观止，构成园区一道独具特色的风景（图9-20～图9-23）。

◀ 图9-20 榆社云竹黄土地貌黄土柱（一）

▲ 图 9-21 榆社云竹黄土地貌黄土柱（二）

▲图 9-22 榆社云竹黄土地貌云竹湖土林(一)

▲图 9-23 榆社云竹黄土地貌云竹湖土林(二)(王权 摄)

9.4 人文景观资源

榆社县人文景观资源较为丰富。早在商代,纣王封此地给其叔父箕子,治所在箕城。周代属并州,春秋为晋国领地。自战国时代起先后属涅、涅氏县、涅县统辖。韩、赵、魏三家分晋后,先属韩,后归赵。在历代的建设中,劳动人民都留下灿烂的文化遗存,其中以石刻、造像、庙宇、革命遗址最为多见。县博物馆收藏的 1 200 余件馆藏文物,是通过考古发掘、抢救性收藏和民间收集的珍品,反映了榆社人类文化的缩影,具有重要的科研价值、科普价值和观赏价值。公园周边有庙岭山千佛洞和岩良福祥寺,均为省级文物保护单位(图 9-24～图 9-27)。

▼图 9-24 福祥寺

▲图 9-25 文峰塔

▲图 9-26 雾云山

▲ 图 9-27 云竹水库

10 右玉火山颈群国家地质公园

10.1 公园概况

位　　置：朔州市右玉县

地理坐标：东经 112°20′26.98″—112°36′50.87″
　　　　　北纬 39°54′37.44″—40°06′12.96″

面　　积：185.11km²

批准时间：2018 年 2 月

遗迹亚类：火山机构、火山岩地貌

景区划分：牛心山景区、大南山景区和小南山景区

10.2 地质地理概况

10.2.1 地理地貌概况

右玉火山颈群国家地质公园位于山西省朔州市北部的右玉县，东距大同市 60km，南距朔州市 78km，西北距内蒙古自治区呼和浩特市 112km。公园行政区划包括右玉县的牛心堡乡、白头里乡、新城镇和右卫镇的 31 个村，总面积 185.11km²。

公园地处晋北黄土高原北部，属黄土丘陵缓坡区，地势东北高、西南低，最高点为狼窝沟东梁顶与左云县交界处，海拔 1 862m，最低点大南山东坡底，海拔 1 331m，相对高差 531m（图 10-1）。

10.2.2 区域地质概况

公园地处中国地势二级阶梯东部边缘的山西黄土高原北部、大同盆地西北部的隆起带西侧。大地构造位置处于华北板块北缘板内活动带林格尔-丰镇板隆的右玉块凹之上。

公园地层区划属华北地层区山西分区的阴山小区，由老到新发育中生界白垩系左云组、助马堡组，新近系中新统汉诺坝组、上新统静乐组，第四系中更新统离石组，上更新统马兰组、峙峪组，全新统选仁组、沱阳组。

公园内断裂构造发育，但是明显错断。由于右玉县北、中部地区太古宇和古生界之上发育一套固结差、厚度 700 余米的白垩系，其上有被上新世 300 余米的玄武岩覆盖。这种硬—软—硬的地层结构常常使新生代断裂构造被白垩纪风化物、滑坡覆盖而出露不好，不易测量。在驻马堡组中发育有类似于断层的层间滑动、蠕移等现象，使得汉诺坝组玄武岩的底界自北向南逐步降低。

公园周边的岩浆活动从老到新有吕梁期、印支期和喜马拉雅期 3 期，而喜马拉雅期岩浆活动的记录则构成了公园的主体地质遗迹——火山颈群。新近纪的岩浆活动为多期次间歇溢流的玄武岩，早期为拉斑玄武岩，晚期为碱性玄武岩，形成汉诺坝组多层叠置的层状玄武岩。层状玄武岩发育自下而上有由玄武岩通道内最后充填的玄武岩浆冷凝形成的具有规则柱状节理的火山颈，还有穿插于火山颈和层状玄武岩之间的玄武岩脉。

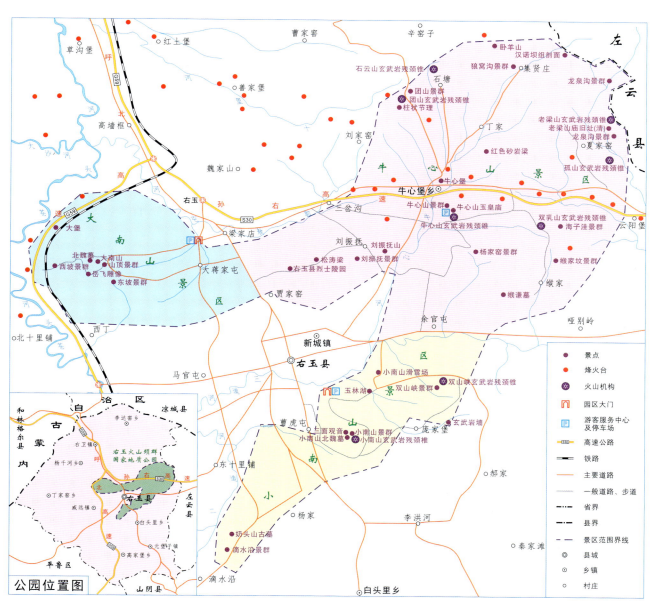

▲图 10-1 右玉火山颈群国家地质公园导游图

10.3 典型地质遗迹资源

10.3.1 右玉老梁山玄武岩残颈锥（国家级）

右玉老梁山玄武岩残颈锥位于牛心乡夏家窑村北东1km的龙泉沟东，是火山颈群中最大的火山残颈锥，海拔为1 600~1 707m，相对高差107m，锥体低平，直径约800m。山腰之上出露垂向发育的柱状节理，北部边缘的柱状节理向北倾斜，山脚周边为助马堡组红色砂质泥岩夹灰色砂岩，被放射状的冲沟揭露。右玉县与左云县的分界通过老梁山，在老梁山顶可见右玉县全境和全部火山残颈锥（图10-2、图10-3）。

▲图10-2 右玉老梁山玄武岩残颈锥（徐平 摄）

▲图10-3 右玉老梁山玄武岩残颈锥-北侧观（徐平 摄）

10.3.2 右玉孤山玄武岩残颈锥（国家级）

右玉孤山玄武岩残颈锥位于牛心乡夏家窑村东南1.2km的龙泉沟东，海拔为1 500～1 587m，相对高差87m，锥体长轴近南北向，长600m，短轴近东西向，长350m，半山腰以上均出露玄武岩，山腰以下为助马堡组红色砂质泥岩夹灰色砂岩，经冲沟侵蚀出露。北部自然出露柱状节理，不同位置的柱状节理产状有变化（图10-4）。

▲图10-4 右玉孤山玄武岩残颈锥柱状节理（徐平 摄）

10.3.3 右玉团山玄武岩残颈锥（国家级）

右玉团山玄武岩残颈锥位于牛心乡石塘村西南1.2km，海拔1 570～1 659m，相对高差89m，锥体直径300m，锥体全部出露玄武岩，西南部一半的山体已开采，只留有东北半座山体，开采剖面揭露柱状节理。柱状节理的产状呈不同方向的变化，近地表节理裂隙明显，柱体分离，近锥体中心节理裂隙间隙变小，柱体紧密（图10-5、图10-6）。

▲图10-5 右玉团山玄武岩残颈锥（徐平 摄）

▲图10-6 右玉团山玄武岩残颈锥柱状节理（徐平 摄）

10.3.4 右玉石云山玄武岩残颈锥(国家级)

右玉石云山玄武岩残颈锥位于牛心乡石塘村北260m,海拔为1 600~1 683m,相对高差83m,锥体北东向长轴280m,北西向短轴210m,锥体全部出露玄武岩风化碎块,西侧自然出露柱状节理。在西侧玄武岩与围岩接触带见助马堡组与汉诺坝组层状玄武岩经烘烤、碎块胶结在一起并附着在柱状玄武岩外边。石云山玄武岩残颈锥为唯一保存、出露有接触带特征的火山残颈锥(图10-7)。

▲图10-7 右玉石云山玄武岩残颈锥(徐平 摄)

10.3.5 右玉牛心山玄武岩残颈锥(国家级)

右玉牛心山玄武岩残颈锥位于牛心乡牛心堡村南0.5km处,海拔为1 420~1 603.2m,相对高差183.2m,周长约5km。整座山峰由黑色火山岩构成,半山腰以上均出露柱状节理,山体的西、西南侧因发育4条玄武岩脉,山周边出露助马堡组的河流相红色砂质泥岩夹灰色砂岩。牛心山是9座火山残颈锥中柱状节理自然出露最好、山体形态最完美的一座。山顶坐落着的玉皇阁使牛心山更添活力,远远望去,孤峦高耸,顶平底圆,山呈黛色,宛若一颗巨大的牛心,故称牛心山。又因其黑石异常坚硬,光滑如玉,四周山清水秀,烟霞环绕,将牛心山紧紧怀抱其中,当地人们便形象地将此景称为"牛心孕璞",为古代右玉十景之一(图10-8)。

▲ 图 10-8　右玉牛心山玄武岩残颈锥柱状节理及玉皇阁

10.3.6　右玉小南山玄武岩残颈锥（国家级）

右玉小南山玄武岩残颈锥位于白头里乡庞家堡村西南 2km，海拔为 1 400～1 516.7m，相对高差 116.7m，山腰周长约 2km。山体 3/4 以上由玄武岩的风化残渣覆盖，几乎整个山体覆盖人工森林。山体南部出露垂向发育的柱状节理，边缘的柱状节理的石柱直径较大（50～60cm）且规则性较差，向中心石柱直径变小（20～25cm）（图 10-9、图 10-10）。

▼ 图 10-9　右玉小南山玄武岩残颈锥（徐平　摄）

▲图 10-10　右玉小南山玄武岩残颈锥柱状节理（徐平 摄）

10.3.7　右玉双山峡玄武岩残颈锥（省级）

右玉双山峡玄武岩残颈锥位于白头里乡庞家堡村东北 2km，海拔为 1 420～1 516m，相对高差 96m。山腰向上由深灰色玄武岩构成，东南侧出露向西倾斜的柱状节理。西山东侧有一玄武岩脉体构成的东山，两山东西向排列，相距 600m（图 10-11）。

10.3.8　右玉双乳山玄武岩残颈锥（省级）

右玉双乳山位于牛心乡海子洼村北 300m，海拔为 1 500～1 542m，相对高差 42m，锥体直径 70m，为最小的火山残颈锥，锥体全部出露玄武岩风化碎块，山体的西北出露柱状节理（图 10-12）。

▼图 10-11　右玉双山峡玄武岩残颈锥（徐平 摄）

▲ 图 10-12　右玉双乳山玄武岩残颈锥（徐平 摄）

10.4 人文景观资源

　　右玉县为国家旅游局公布的首批创建"国家全域旅游示范区"之一，为山西省晋北地区唯一入选的县区。右玉县委 18 届县委书记带领全县人民植树造林孕育出"右玉精神"，坚持"生态立县、旅游活县"的理念，深度融合生态、旅游优势资源，努力打造全省生态旅游基地。一是以西口古道为轴线，以杀虎口、长城、古堡为重点，完善大南显明寺、马营河乐楼、牛心山寺庙建筑群的自然景观资源及历史文化资源的深度开发；二是建设以西口古道为标志，建设以观光休闲和生态文化观光旅游相结合、多点多线多态共同发展、吸引外地游客为主的西口文化观光旅游目的地；三是加强旅游基础设施建设，以石砲沟、水磨沟、中陵湖等景区为重点，提高景区的可进入性和配套服务能力；四是加强生态环境建设与保护，培育以自然山水画廊、农家乐、采摘园、垂钓、乡土人文与旅游相融合的生态与地域风情体验旅游目的地。2010—2016 年，右玉县的旅游人数连续突破百万，旅游总收入突破百亿，"西口文化、右玉精神、塞上绿洲"三大旅游品牌影响扩大，绿色产业基础扎实，生态经济效益明显。地质旅游（火山颈群、华林山）今后也将成为右玉旅游的一大支柱（图 10-13～图 10-19）。

▲ 图 10-13　古堡（徐平 摄）

▲ 图 10-14　宝宁寺（梁铭 摄）

▲ 图 10-15　长城（徐平 摄）

▲图 10-16 杀虎口（徐 平 摄）

▲图 10-17 壮美的西口风光（一）（徐 平 摄）

▲图 10-18　壮美的西口风光(二)（徐平 摄）

▲图 10-19　右玉造林成果右玉精神

第 2 篇　省级地质公园

11 临县碛口省级地质公园

11.1 公园概况

位　　置：吕梁市临县

地理坐标：东经 110°30′20″—110°49′43″
　　　　　北纬 37°37′—38°01′20″

面　　积：66.16km²

批准时间：2003 年 1 月

遗迹亚类：碎屑岩地貌、黄土地貌

景区划分：杏林庄景区、曲峪景区、丛罗峪景区和碛口景区

11.2 地质地理概况

11.2.1 地理地貌概况

临县碛口省级地质公园位于山西省吕梁市临县西南,北距临县县城47km,东距吕梁市市区55km。公园主体呈带状分布于黄河东岸克虎镇至碛口镇,长68km,宽0.5~1km。

公园地处黄土高原腹地,东依吕梁山,西临黄河。公园大部分地区为黄河沿岸丘陵基岩裸露区和河流谷地,局部为黄土丘陵沟壑区。公园海拔一般为800~900m,最高点为1 200m。黄河贯穿公园西侧,长68km,最北端黄河水面海拔705m,南段660m。公园内黄河支流湫水河兼具山地型和夏雨型河流双重特征,主要依赖大气降水,水量不稳定;平水期为清水、流量少;洪水期流量大,暴涨暴落,流经地带冲刷剧烈,含沙量大(图11-1)。

11.2.2 区域地质概况

公园地层属华北地层区鄂尔多斯分区,地层由老到新依次为奥陶系马家沟组、峰峰组,石炭系本溪组、太原组,二叠系山西组,新近系保德组,第四系中更新统、上更新统和全新统。

公园位于鄂尔多斯板块东缘,由东向西总体为缓倾的单斜构造,仅在公园东侧霍家塌地区存在一条隐伏断层。公园内未见岩浆岩出露。

11.3 典型地质遗迹资源

11.3.1 临县碛口黄河画廊(国家级)

临县碛口黄河画廊位于吕梁市临县碛口—克虎镇杏林庄村之间,延绵60km,面积约80km²,黄河东岸一级阶地到三级阶地均有出露。黄河画廊地质体岩性为二马营组灰绿色细砂岩、灰红色巨厚层砂岩夹紫红色薄层泥岩,层面上交错层理发育。岩壁上垂直节理贯通性良好,多处地段出现垮塌。该处黄河画廊随着厚层砂岩在河谷岸坡的出露,在大自然鬼斧神工的精雕细刻之下形成千姿百态、千变万化的艺术珍品,其中大多数为象形地貌,人物鸟兽,应有尽有。新奇之处还在因人而异、因时而异、因情而

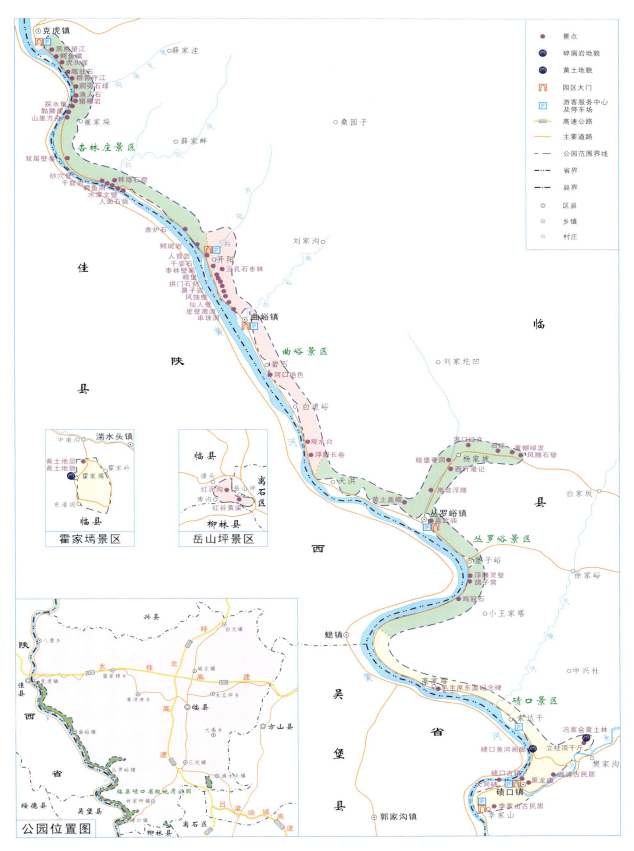

▲ 图 11-1 临县碛口省级地质公园导游图

异，在孩童眼里，这里是动物园；在文人书法家眼里，它们更像是象形文字；在常人眼里或像廊柱、栅栏、石窟、佛龛、石门、石桥，或像浪花、云团、激流。美丽的浮雕就是集绘画艺术、建筑艺术、雕刻艺术、书法艺术为一体的百里画廊，极具艺术观赏价值。一直以来，该处黄河画廊的成因解释均为风蚀或者水蚀作用，但是其更有可能是盐风化作用的结果（图11-2～图11-9）。

▲图11-2　临县碛口黄河画廊（郝江龙 摄）

◀图11-3　临县碛口黄河画廊"藏文"

▲ 图 11-4　临县碛口黄河画廊"石佛"（郝江龙 摄）

▲ 图 11-5　临县碛口黄河画廊"天鹅戏大象"

▲ 图 11-6　临县碛口黄河画廊"苍松"

▲图 11-7 临县碛口黄河画廊"腕龙"

▼图 11-8 临县碛口黄河画廊"鳄鱼石"

▲图 11-9 临县碛口黄河画廊"石人"（郝江龙 摄）

11.3.2 临县冯家会黄土林（国家级）

临县冯家会黄土林位于临县碛口镇冯家会村北西黄土冲沟中，分布面积约 0.25 km²。该黄土林主要在冲沟南北两侧集中出露，冲沟北侧共发育黄土柱 20 余根，且成型良好，出露集中，面积约 3 600m²，土柱高低错落，高度在 4～8m 之间，直径 0.5～1.5m；冲沟南侧土林分布相对分散，共有黄土柱 50 余根，部分成型良好，部分已经垮塌，出露面积约 4 200m²，黄土柱呈高低错落状，高度 1～7m，直径 0.3～1.2m。

土柱从下到上由离石组棕黄色亚黏土、马兰组灰黄色亚砂土-粉砂土组成，砂质盖板为二马营组灰绿色长石石英砂岩，大部分呈不规则状，部分呈方形、圆形，且盖板平面面积比黄土柱顶面面积大，厚度为 10～30cm。

冲沟两侧及山坡为更新统黄土堆积，两侧山体基岩为二马营组砂岩，砂岩露头垮塌覆盖至黄土层之上，后经长期的流水侵蚀作用形成一个个带帽的土柱，砂岩盖板对土柱提供了天然压实、保护，增强了土林的抗风化能力。该土林为独特的砂质盖板土林，只在特定的环境中形成，因此具有科学研究价值及科学普及价值（图 11-10、图 11-11）。

▲图 11-10　临县冯家会盖帽黄土林（郝江龙 摄）

▼图 11-11　临县冯家会盖帽黄土林素描图（徐朝雷 提供）

11.3.3 临县霍家塌黄土林（国家级）

临县霍家塌黄土林位于临县湍水头镇霍家塌村北西黄土冲沟中，分布面积为 9 500m²，出露地层主要为中更新统离石组和上更新统马兰组。该处地貌中以彩色黄土柱为主，并发育黄土崩。黄土柱位于霍家塌村北西黄土沟中。黄土柱共由 5 根红黄相间的水平环带状土柱组合而成。土柱粗细不一高低错落，分布集中，背靠黄土陡崖，自下而上土柱由红变黄，表面光洁。由东向西分别发育 5 根黄土柱，高 20~30m，直径 0.5~3m。黄土林彩色环带状土柱在国内罕见，多者可达 20 个韵律，背衬高 50 米之同样彩色条带大陡崖，如龙宫中擎天玉柱，显得富丽堂皇，颜色俏丽。基座相连的黄土柱被戏称为"双棒冰激凌"，观赏性较高（图 11-12）。

▼图 11-12 临县霍家塌彩色黄土柱（郝江龙 摄）

11.4 人文景观资源

公园及周边地区人文景观资源丰富,其中碛口景区是山西省风景名胜区,古镇、古庙、古民居保存完好。2003年,国家建设部、国家文物局命名碛口镇西湾村为"中国首批历史文化名村";2005年,国家建设部、国家文物局命名碛口镇为"中国历史文化名镇";2005年,世界文化遗产基金会公布碛口镇为"2006年度世界百大纪念性守护建筑"(亦称"世界百大濒临危险的文化遗产")。其他人文景观包括黑龙庙、西湾民居、李家山民居、冯家会魁星楼、中央后委机关驻地双塔村、西北军工烈士塔、毛主席东渡黄河纪念碑等(图11-13～图11-21)。

▼图11-13 碛口古镇(一)(郝江龙 摄)

▲ 图 11-14　碛口古镇（二）（郝江龙 摄）

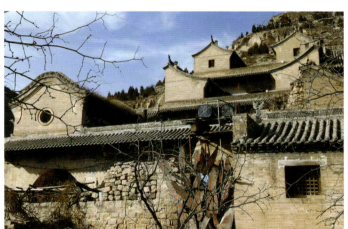

▲ 图 11-15　李家山民居（郝江龙 摄）

▲ 图 11-16　毛主席东渡黄河纪念碑

▲ 图 11-17　中共中央西北局旧址

▲ 图 11-18　中共中央西北局旧址

▲ 图 11-19 黑龙庙

◀ 图 11-20 伞头秧歌(一)

▲ 图 11-21 伞头秧歌（二）

12 泽州丹河蛇曲谷省级地质公园

12.1 公园概况

位　　置：晋城市泽州县

地理坐标：东经 112°57′38″—113°01′42″
　　　　　北纬 35°21′13″—35°28′50″

面　　积：56.7km²

批准时间：2007 年 12 月

遗迹亚类：河流景观带、泉、碳酸盐岩地貌

景区划分：丹河大桥景区、珏山景区、郭壁景区、石青景区和三姑泉景区

12.2 地质地理概况

12.2.1 地理地貌概况

泽州丹河蛇曲谷省级地质公园位于晋城市泽州县东南部，行政区划包括铺头乡和柳树口乡，北距山西省太原市 300km，西距山西省晋城市 17km，南距河南省焦作市 40km，东距河南省郑州市 40km。

丹河全长 142km，由北向南贯穿整个泽州县和公园，年均流量 3~7m³/s，暴雨后最大流量 1 520m³/s，年总流量达 3×10⁸m³。其上游 84km 河道流淌于公园以外北部盆地区域，具有山低、坡缓、谷宽等特点，属于季节性河流。中游河道长约 40km，流经于公园内中山隆起区，形成深切河曲。此段河道从上游到下游，谷肩以下地形高差逐渐增大，从上游高差近百米，到下游高差达 300~400m，山势削拔、陡立，但河道宽度基本保持在 20~50m，只显得河道狭窄逼仄，河谷越加深邃，具有山高、坡陡、谷窄、河道曲折旋、岩溶、泉、溪密布，水体碧绿清澈等特点，常年流水不断。下游约 10km 河道游荡于豫北平原，具有平坦、宽谷、河道平直等特点，在沁阳市入沁河，于邙山注入黄河（图 12-1、图 12-2）。

12.2.2 区域地质概况

公园位于太行山南部，构造区划属于华北板块山西陆块的次级构造分区——太行复背斜南端西翼（陵川北东向褶皱群），西接晋获褶断带，南与豫皖陆块相邻，受其影响南部主要构造线方向呈北东东向，区域上以北东向为主。公园内主要发育大其后街南东东向断裂群构造，局部零星分布北北东向和近南北向、东西向延伸的断层，均为高角度盖层断层。公园内未见岩浆岩出露。

▲ 图 12-1 泽州丹河蛇曲谷省级地质公园导游图

▲图 12-2 泽州丹河蛇曲谷省级地质公园主碑

12.3 典型地质遗迹资源

12.3.1 泽州三姑泉蛇曲谷（国家级）

泽州三姑泉蛇曲谷位于泽州县金村镇丹河蛇曲省级地质公园内，由 3 个南北向连续分布的河流弯道组成，呈"S"形。蛇曲两岸地层由老到新依次为寒武系张夏组、崮山组，寒武系—奥陶系三山子组，奥陶系马家沟组。

三姑泉蛇曲长 11km，河床形态整体呈"V"形，谷坡约 60°，宽 80～120m，一般宽 100m，曲率 3.67，河床纵比降 0.12。因蛇曲下游修建有青天河水库，所以河床内水位较高，水流平稳，水质良好。"青天大佛"发育于张夏组厚层鲕粒灰岩和三山子组厚层白云岩中，高 180m，宽 100m，矗立于青天碧水之间，气势宏伟，浑然天成，是典型的象形山（图 12-3、12-5）。

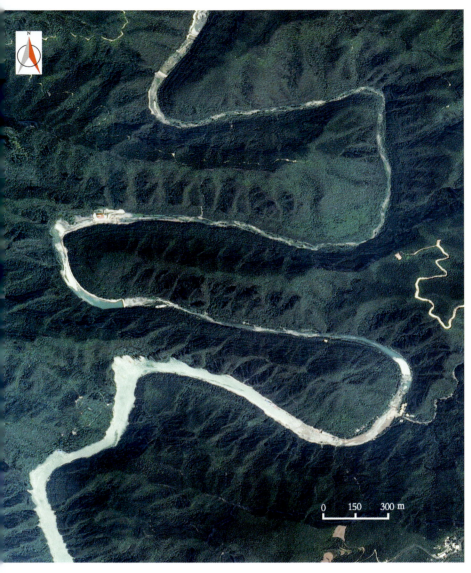

▶ 图 12-3 泽州三姑泉蛇曲谷影像图

▼ 图 12-4 月老亭

▼ 图 12-5 泽州三姑泉蛇曲谷

12.3.2 泽州丹河蛇曲谷(省级)

泽州丹河蛇曲谷由北向南出露于丹河大桥到围滩村之间,共有3处景观较好的弯道,分别为寺北庄湾、郭朗迪湾、北石瓮湾,是典型的嵌入型蛇曲。河床两岸地层由老到新依次为寒武系张夏组、寒武系—奥陶系三山子组、奥陶系马家沟组。

河床形态整体呈"V"形,河谷南北两端直线距离约13km,延伸约36km,河流曲流盘旋,平均曲率为2.7。丹河河道内水流量不大,修建多处堤坝,谷底水流断续,景观效应降低。寺北庄湾呈"S"形,郭朗迪湾整体呈"Ω"形,北石瓮湾整体呈"W"形。除上述主要弯道外,此处还发育郭壁村离堆山、泉水、叠层石等地质遗迹景观(图12-5、图12-7)。

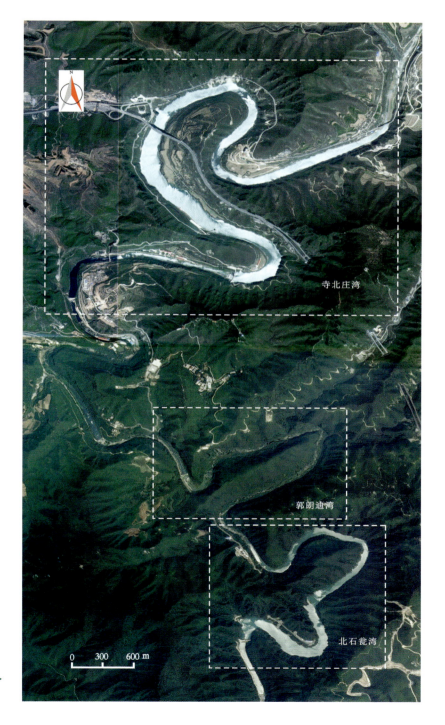

图 12-6 泽州丹河蛇曲谷影像图

▲图 12-7 泽州丹河蛇曲谷

12.3.3 泽州三姑泉群（国家级）

泽州三姑泉群（又名三股泉）出露于丹河河谷两岸，呈"股"状集中涌出。该泉上游沿丹河有多处泉水出露，以三姑泉最大，其次还有郭壁泉、土坡泉、白洋泉、小会泉、台北泉等，多年平均总流量为 $7.2m^3/s$。泉域范围包括晋城、高平、陵川等市县，面积 $2\,813.48km^2$。泉水矿化度为 474.2mg/L，总硬度为 21.09，pH 值为 7.2。含水层为寒武系张夏组厚层鲕粒灰岩、寒武系—奥陶系三山子组厚层白云岩、奥陶系厚层灰岩。泉群以三姑泉流量最大，该泉多年平均涌水量为 $4.7m^3/s$（图 12-8、图 12-9）。

▲图 12-8　泽州三姑泉群

▲图 12-9　泽州三姑泉群钙化壁

12.3.4 泽州珏山碳酸盐岩地貌（省级）

泽州珏山碳酸盐岩地貌主要为象形峰丛，地层由老到新依次为寒武系张夏组、寒武系—奥陶系三山子组、奥陶系马家沟组。

珏山：又名角山，其双峰对峙，巍峨苍翠，宛若一对碧玉镶嵌在太行山上，故名珏山。基岩为三山子组厚层白云岩和马家沟组厚层灰岩组成，海拔 913m，与山脚相对高差 243m，是典型的碳酸盐岩低中山地貌。灰岩中发育角石、蛇卷螺等海相软体动物化石，山坡上有少量小型溶洞出露。珏山自古为赏月名山，"珏山吐月"为晋城四大名胜之一（图 12-10～图 12-14）。

龟山：山顶为马家沟组灰岩形成的陡坎，呈乌龟造型（图 12-15）。

蛇山：基岩为三山子组白云岩，长条状延伸的山体，酷似细长的蛇（图 12-16）。

▲ 图 12-10 泽州珏山碳酸盐岩地貌珏山之春

▲ 图 12-11 泽州珏山碳酸盐岩地貌珏山之夏

▲ 图 12-12 泽州珏山碳酸盐岩地貌珏山之秋

▲ 图 12-13　泽州珏山碳酸盐岩地貌-珏山之冬

▲ 图 12-14　泽州珏山碳酸盐岩地貌珏山吐月

▲ 图 12-15　泽州珏山碳酸盐岩地貌龟山

▲ 图 12-16　泽州珏山碳酸盐岩地貌蛇山

12.4 人文景观资源

泽州县位于山西省东南端,太行山最南部,晋豫两省交汇处,自古为三晋通向中原的要冲,史称"河东屏翰、冀南雄镇"。秀丽而雄浑的自然人文景观和历史人文景观相映生辉。公园内的宗教氛围较为浓厚,东西两侧分别有青莲寺和珏山道观两个寺庙群。

青莲寺依山而建,丹水流碧、殿宇楼阁隐现于层林翠绿之中,四周山势若出水莲花,尽占江山风月胜地。寺内古树参天,环境清幽,风光秀美,是中国佛教弥勒净土宗最早的寺院之一,以"文青莲、武少林"享誉中原,现为全国重点文物保护单位(图 12-17)。

珏山道观位于珏山山顶,海拔 973m,山下岩石峥嵘,挺拔陡峭。山顶处有高 50m 之孤山两座,东西而立,双峰对峙,巍峨苍翠,分别建有真武行宫、玄帝殿两组黄琉璃瓦顶建筑群,犹如双鹤并舞,宛若一对碧玉。

珏山有大量道教建筑,公园内的真武观是我国古代著名的道教北方天尊玄武大帝(真武大帝)的道场所在,被称为"晋地奥室""文峰奥区",供奉真武帝君,与武当山有异曲同工之妙。武当山是真武帝君的修炼之地，而珏山则是其镇守之所。早在东汉时期，珏山就被辟为道场。北宋时期，道教辉弘，真宗皇帝为了稳固江山，将玄武改为真武，明朝永乐皇帝命令皇亲族室修建真武的镇守之山—珏山。自此以后，千余年来，珏山真武观香火旺盛，道士云集，一直是晋东南地区和豫西北地区信教朝拜的圣地（图12-18）。

▲图12-17　青莲寺

▲图12-18　真武观

13

沁水历山
省级地质公园

13.1 公园概况

位　　置：晋城市沁水县

地理坐标：东经 111°57′18″—112°05′14″
　　　　　北纬 35°23′20″—35°30′35″

面　　积：90km²

批准时间：2010 年 4 月

遗迹亚类：碳酸盐岩地貌、崩塌、夷平面、古人
　　　　　类化石产地、峡谷

景区划分：下川景区、舜王坪景区、西峡景区
　　　　　和东峡景区

13.2 地质地理概况

13.2.1 地理地貌概况

沁水历山省级地质公园(图13-1)地处太行山南端与中条山东段衔接处,历山国家级自然保护区实验区一部分。公园位于沁水县南端,行政区划隶属山西省晋城市沁水县中村镇管辖,东距山西省晋城市79km,南距河南省济源市65km,西距山西省运城市100km,北距山西省临汾市93km。

历山是山西省南部最高山,处于典型断块中高山区,顶峰舜王坪海拔2 322m。公园地貌根据其形态,可分为剥蚀构造断块中高山地和山间断陷盆地。海拔2 300m左右的夷平面上,受高寒气候影响,发育了大陆冰缘地貌,并形成了亚高山草甸。山间断陷盆地,海拔1 600~1 800m,盆地内黄土堆积,形成了与山顶截然不同的黄土地貌(图13-2)。

13.2.2 区域地质概况

公园地层位于华北地层区的山西分区和豫陕分区分界处,兼具两个分区特征,出露地层由老到新依次为中元古界长城系熊耳群、汝阳群,下古生界寒武系—奥陶系馒头组、张夏组、三山子组、马家沟组,上古生界石炭系太原组,新生界第四系离石组、马兰组、选仁组和沱阳组。

公园地处太行山西南端与中条山接壤地带,大地构造上位于山西板块、沁水板内造山带、沁水复向斜南部扬起端。公园地层中,除新生界第四系外,其余地层均参与了燕山期强烈的褶皱、断裂构造运动;喜马拉雅期整体隆升,遭受风化剥蚀,形成夷平面、河流阶地等地质遗迹。

公园内仅西峡景区南部分布有熊耳群火山岩,面积约3.83km²,其上被汝阳群呈角度不整合沉积覆盖。熊耳群主体岩性为中—偏基性的安山岩、间夹少量酸性火山岩和火山沉积碎屑岩。据其岩性、岩相特征自下而上可分为许山组、鸡蛋坪组和马家河组。

▲ 图13-1 沁水历山省级地质公园主碑

13.3 典型地质遗迹资源

13.3.1 沁水历山白云洞（国家级）

沁水历山白云洞位于沁水县中村镇峪南渠村鸡冠岭的半山腰。其赋存的地质体为奥陶系马家沟

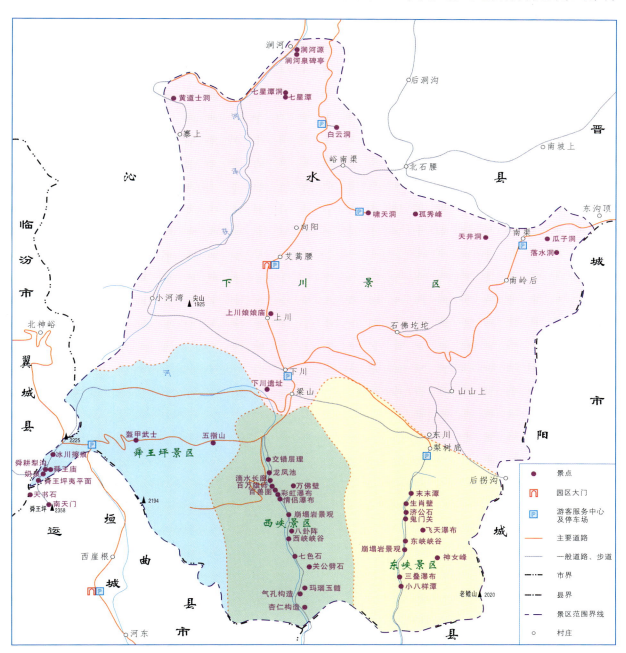

▲ 图 13-2 沁水历山省级地质公园导游图

组四段灰、青灰色厚层状角砾状灰岩,豹皮状灰岩,微晶灰岩夹薄层状泥灰岩,含燧石结核白云质灰岩。洞外为乔木林和寺庙,洞口朝向方位 25°,洞口高 5.4m,宽 11.8m,已开发,且可抵达总深度约 300m,整体向西南方向延伸,洞内建设有步道、护栏、提示牌、介绍牌和观景灯光等设施。白云洞内钟乳石发育类型齐全(包括石笋、石柱、鹅管、石幔、石钟乳、边石堤等),数量大,保存完好,开发程度高,具有极高的观赏性(图 13-3～图 13-14)。

▲图 13-3　沁水历山白云洞石幔和石笋　　　　　　　　▲图 13-4　沁水历山白云洞溶洞大厅

▲图 13-5　沁水历山白云洞石幔

▲ 图 13-6　沁水历山白云洞边石堤（一）

▲ 图 13-7　沁水历山白云洞象形钟乳石"神龟盗金"

▲ 图 13-8　沁水历山白云洞石柱

▲ 图 13-9　沁水历山白云洞象形石幔"水上石莲"

▲ 图 13-10　沁水历山白云洞支洞

▲ 图 13-11　沁水历山白云洞溶蚀大坑

▲ 图 13-12　沁水历山白云洞边石堤（二）

▲ 图 13-13　沁水历山白云洞边石堤"巨龙长城"

▲ 图 13-14　沁水历山白云洞石柱

13.3.2　沁水龙王庙村啸天洞（省级）

沁水龙王庙村啸天洞位于沁水县下川乡龙王庙村村南 200m。啸天洞洞口高 2.5m，宽 4.5m，朝向 65°，海拔 1 574m。洞内向南东方向延伸 160m，是沁水县溶洞群中延伸较长的溶洞之一。啸天洞洞内空间狭窄，发育少量石笋、石柱、鹅管、石幔、石钟乳、边石堤等钟乳石，人为破坏严重。溶洞深处的竖井，呈近南北走向，长 12m，深 10m，是该洞的一大特色（图 13-15、图 13-16）。

13.3.3　沁水舜王坪夷平面（国家级）

沁水舜王坪夷平面位于山西省翼城、垣曲、沁水三县交界处的历山自然保护区内，传说是上古时期舜王耕作的地方，为中条山脉主峰，亦称历山，海拔 2 358m，形成时期为喜马拉雅期。舜王坪上出露岩石主要为中元古界长城系云梦山组厚层石英砂岩，产状平缓近水平，地貌上呈西北陡、东南缓的单面山。历山山顶部夷平面呈平台状，面积约 2km²，高差起伏不大，南北稍高，中部稍低，少见基岩和风化侵蚀等形成的块石。夷平面中部为亚高山草甸地貌，四周为低矮灌木（图 13-17、图 13-18）。

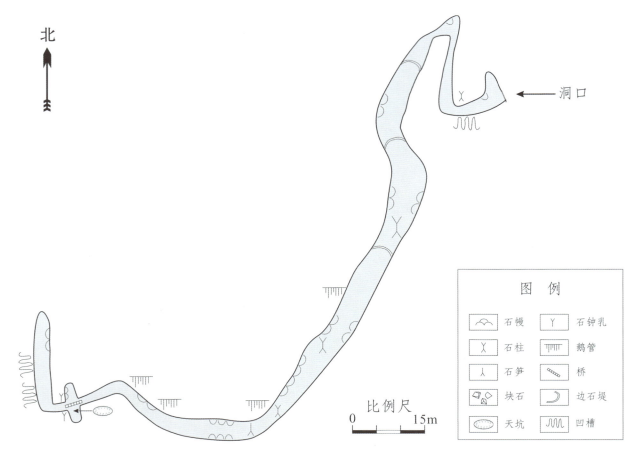

▲图 13-15　沁水龙王庙村啸天洞平面图

▼图 13-16　沁水龙王庙村啸天洞鹅管

▲图 13-17　沁水舜王坪夷平面（王权 摄）

▲图 13-18　沁水舜王坪夷平面云梦山组石英砂岩"天书石"

13.3.4　沁水历山西峡崩塌岩群（国家级）

沁水历山西峡崩塌岩群位于沁水县中村镇下川村南 1.7km 处。该处崩塌岩群发育于西峡峡谷中，峡谷北段基岩为云梦山组紫红色石英砂岩，峡谷南段基岩为许山组、鸡蛋坪组和马家河组火山岩。崩塌岩块大多为云梦山组石英砂岩、含砾砂岩，崩塌岩块以长轴大于 1m 的岩块为主，最大达 20m。岩块数量超过 15 000 块，其中长轴大于 5m 的巨型岩块超过 1 000 块。崩塌岩群中发育巨石阵、象形石和颜色绚丽的奇石。西峡峡谷谷坡特征明显，有岩性变化形成的彩色岩壁、差异风化形成的鱼鳍状岩壁和基岩中砾石脱落形成的画廊浮雕（图 13-19～图 13-23）。

▲ 图 13-19 沁水历山西峡崩塌岩群西峡谷坡

▲ 图 13-20 沁水历山西峡崩塌岩群一线天

▲ 图 13-21　沁水历山西峡崩塌岩群"鱼鳍"状谷坡

▲ 图 13-22　沁水历山西峡崩塌岩群

▲ 图 13-23　沁水历山西峡崩塌岩群"舜王试剑石"

13.3.5　沁水东峡峡谷（省级）

沁水东峡峡谷位于沁水县中村镇东川村。东峡峡谷起点又名娥皇谷，北起东川村南 1.7km 末潭处，南至阳城县东哄哄村，整体呈"U"形，全长约 4km，谷底宽 15～100m，入口处较宽，其余谷底较窄，谷肩高 50～150m，高宽比值一般为 1～2，最高可超过 10。峡谷主体向南延伸并逐渐走低。出露岩石主要为中元古界长城系云梦山组浅紫红色石英砂岩，南段出露长约 1km 的熊耳群马家河组和许山组火山岩，主要岩性为灰紫、灰绿色杏仁状安山岩、辉石安山岩、紫红、灰紫色英安岩、流纹岩等。云梦山组和北大尖组石英砂岩原生沉积构造十分发育，可见大量的波痕、水平层理和多种类型斜层理等，岩层厚度大，产状平缓近水平。谷内两侧多为乔木和少量草本灌木，谷底有少量流水，随处可见巨型崩塌岩块，其长轴可达 10m。崩塌岩块基本为云梦山组石英砂岩、含砾砂岩，以及许山组、马家河组火山岩等，含砾砂岩中砾石颜色各异，大小不一（图 13–24、图 13–25）。

13.3.6　沁水下川古人类遗址（省级）

沁水下川古人类遗址位于沁水县中村镇下川村。下川文化遗物分布在下川盆地周边的二级阶地

▼ 图 13–24　沁水东峡入口

▲ 图 13-25 沁水东峡峡谷崩塌岩块

地表,以及阶地上层的晚更新世末期灰褐色亚黏土中,以打制石器为代表,可分为粗大石器和细小石器两大类,细小石器为下川文化主体。细小石器以燧石为原料,器物类型达 40 余种之多,有锥状、柱状、楔状和漏斗状等各种类型的典型细石核,还有细石叶和各种刮削器、尖状器、雕刻器,以及琢背小刀、箭镞、锯、锥钻等。

下川文化遗址的细石器,代表了旧石器时代石器制作技术的最高水平,填补了山顶洞人文化的空白,从而可以作为中国北方地区旧石器时代晚期后一阶段石器文化的代表。

13.4 人文景观资源

沁水县历史悠久,自古就有女娲补天、舜耕历山的传说(图13-26、图13-27)。20世纪70年代发掘的下川遗址,证明早在2.3万年到1.6万年前,沁水人的先祖们就创造了灿烂的下川文化(图13-28)。现存的河头村汉墓群、武安村战国古寨等,映证了沁水县悠久的文化历史。

公园内主要保存有下川古人类文化遗址、舜王坪舜王庙、下川舜王庙、东川舜帝庙、涧河源舜帝庙、上川娘娘庙、龙王庙村龙王庙、舜耕犁沟以及涧河源柳氏民居等。

▼图13-26　舜耕犁沟

▲ 图 13-27 舜王庙

图 13-28 下川古人类遗址碑正面 ▶

14 阳城析城山省级地质公园

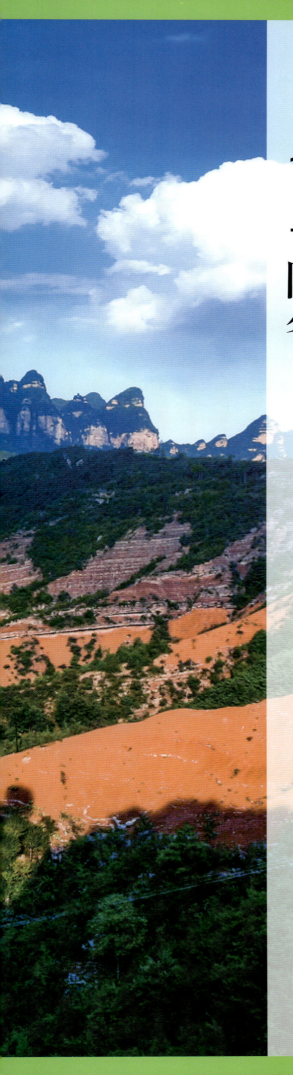

14.1 公园概况

位　　置：晋城市阳城县

地理坐标：东经 112°03′29″—112°17′36″
　　　　　北纬 35°14′08″—35°24′39″

面　　积：167.4km²

批准时间：2010 年 4 月

遗迹亚类：峡谷、碳酸盐岩地貌、碎屑岩地貌、断裂

景区划分：析城山景区、杨柏大峡谷景区和盘亭列嶂景区

14.2 地质地理概况

14.2.1 地理地貌概况

阳城析城山省级地质公园位于阳城县西南部，行政区划属山西省横河镇、河北镇、董封乡。公园东距山西省晋城市 77km，南距河南省洛阳市 92km，西距山西省运城市 100km，北距山西省临汾市 94km。

公园地处中条山-王屋山腹地，地貌属于侵蚀中山区。受新构造运动上升影响，公园地貌总体特征为河谷深切、层状地貌发育以及山顶发育小型黄土盆地（图 14-1、图 14-2）。

▼图 14-1 阳城析城山省级地质公园主碑

14.2.2 区域地质概况

公园地层位于华北地层区中山西分区和豫陕分区分界处,兼具两个分区特征,出露地层由老到新依次为古元古界宋家山群,中元古界长城系熊耳群、汝阳群,下古生界寒武系—奥陶系馒头组、张夏组、三山子组、马家沟组,上古生界石炭系太原组,新生界第四系离石组、马兰组和沱阳组。

公园地处太行山西南端及与中条山接壤地带,大地构造上,位于山西板块、沁水板内造山带、沁水复向斜南部扬起端。公园地层中,除新生界第四系外,其余地层均参与了燕山期强烈的褶皱、断裂构造运动;喜马拉雅期整体隆升,遭受风化剥蚀和溶蚀,形成独特的岩溶漏斗、岩溶盆地和石芽等典型岩溶地貌。

公园内仅杨柏大峡谷南部分布有熊耳群火山岩,其上被汝阳群呈角度不整合沉积覆盖。熊耳群主体岩性为中—偏基性的安山岩、间夹少量酸性火山岩和火山沉积碎屑岩。据其岩性、岩相特征自下而上可分为许山组、鸡蛋坪组和马家河组。

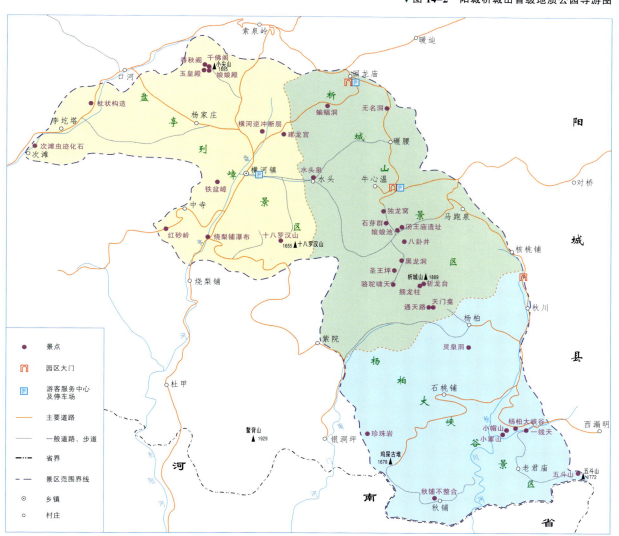

▼图 14-2 阳城析城山省级地质公园导游图

14.3 典型地质遗迹资源

14.3.1 阳城析城山杨柏大峡谷（国家级）

阳城析城山杨柏大峡谷位于阳城县杨柏乡马跑泉南。该地区地层主要为中元古界长城系、下古生界寒武系和奥陶系的海相时期沉积生成的碎屑岩层与碳酸盐岩层，各厚数百米，在经历多次造山运动后，在侵蚀作用下形成如今的峡谷地貌。

杨柏大峡谷北起析城山下跑马泉，南至山西省界，全长20km，峡谷山体最高点海拔为1 800m，最大垂直深度300m，以落差大、景观壮丽而闻名，峡谷内流淌秋川河，局部峡谷宽5～150m，最窄处仅一人通过。

该峡谷从上到下发育不同地层。顶部发育奥陶系厚层灰岩，使峡谷顶部呈现大型石柱景观，石柱高15m，宽10m，中部发育寒武系薄层灰岩，使得中部形成较宽阔的"U"形谷；下部为长城系砂岩，形成陡峻、狭窄的"V"形峡谷，受后期河流侵蚀，峡谷蜿蜒，最大弯角约120°，并发育3～4条支沟，支沟窄长。两侧围岩以长城系砂岩为主，谷壁陡峭，山地山河间歇性流淌，独具魅力（图14-3～图14-5）。

▼图14-3　阳城析城山杨柏大峡谷"一线天"

图 14-4 阳城析城山杨柏大峡谷烧梨铺瀑布

图 14-5 亚高山草甸景观

14.3.2 阳城析城山岩溶洼地(国家级)

阳城析城山岩溶洼地位于阳城县横河镇牛心温村。岩溶洼地南北长 3.8km，东西宽 3km，分布面积约 7.2km²，出露地质体为寒武系—奥陶系三山子组、马家沟组，岩层近水平产出。该地貌呈四周高、中间低的洼地，周围最高点海拔为 1 860m，中间低洼处如娘娘池、黑龙洞等处海拔 1 650m，高差 210m。岩溶洼地亦是残留夷平面，经过后期侵蚀剥蚀等形成具有岩溶漏斗、落水洞、岩溶湖泊等特色的亚高山岩溶洼地景观，在华北地区极为少见。洼地腹地主要为草本植被覆盖，四周山坡以松柏类乔木为主，为亚高山草甸生态系统，具有狼毒花(又称胭粉花)特征物种(图 14-6)。

14.3.3 阳城红沙岭碎屑岩地貌(国家级)

阳城红沙岭碎屑岩地貌位于阳城县横河镇中寺村，分布面积约 1km²。红沙岭上部山峰为北大尖组灰紫、灰白色中厚层状含砾石英粗砂岩、石英砂岩夹紫红色砂质页岩，岩层产状 10°∠5°。红沙岭海拔约 1 200m，为典型的中元古界长城系汝阳群白草坪组二段，砖红色、紫红色粉砂质泥岩夹薄层状砂岩，经风化作用等侵蚀形成的红色碎屑山坡，在整个华北地区极为少见(图 14-7)。

▼图 14-6 阳城析城山岩溶洼地

▲图 14-7　阳城红沙岭碎屑岩地貌白草坪组砖红色砂质泥岩露头（白锁亮 摄）

14.3.4　阳城十八罗汉山碎屑岩地貌（省级）

阳城十八罗汉山碎屑岩地貌位于阳城县横河镇老王庄村正东方向 500m 处山顶，山峰东侧即为析城山岩溶洼地。出露地质体为中元古界长城系汝阳群白草坪组和北大尖组，岩层产状 5°∠10°。该地貌为弧形走向的峰丛，山峰沿走向从 180° 逐渐转向 90°，延伸约 2.5km，分布面积 2km²。山峰海拔 1 500～1 600m，上部陡崖为北大尖组，厚约 100m。其中白草坪组顶部之上陡崖底部有 10～20m 厚的垂直裸露基岩，从北至南一直延伸，像一条白色的玉带镶嵌在植被中。峰顶为 20 余个山峰组成的峰丛，形态各异，犹如十八罗汉屏障般排列，十八罗汉山因此而得名。十八罗汉山亦称为"盘亭列嶂"，盘亭是横河的古地名，盘亭列嶂意指排列成嶂的山峰。下部缓坡为白草坪组二段砖红色的粉砂质泥岩夹薄层砂岩，坡度较缓（图 14-8）。

14.3.5 阳城横河逆冲断层(省级)

该断层位于阳城县横河镇推磨村—梨树坪村间公路边。该处断层上盘地质体为中元古界汝阳群北大尖组,下盘地质体为寒武系馒头组。断层位于公路南侧山坡上,断裂带宽约800m,走向为东西向,北大尖组覆盖于馒头组之上。在逆冲断裂作用下,公路边馒头组发育褶曲,岩层倾角较大,特征明显,容易观察。横河断裂带是四级构造单元析城山块坪和王屋山块凹的分界断裂,为本地区铅、锌、多金属矿成矿的主要控矿构造(图14-9)。

▲ 图 14-8 阳城十八罗汉山碎屑岩地貌三维影像图

◀ 图 14-9 阳城横河逆冲断层馒头组褶曲

14.4 人文景观资源

阳城县靠近中原地区,是中华民族最早的活动地区之一。早在距今2.3～1.6万年时旧石器时代晚期,圣王坪上就有古人类留下旧石器遗弃碎块,留下了许多特色文化遗产。析城山是古老的中华名山,中国最早的地理经典文献《禹贡》记载了大禹治水时,沿山脉从西往东,导山疏河"经砥柱、析城,至于王屋、太行、恒山、碣石"。清代《山西通志》说"桑林水,导源析城山之东麓"。阳城县古称获泽,相传圣王坪即是当年汤王祈雨处。

阳城县在北齐以前就有佛教文化传入。据考证,唐代末年在横河镇修建千峰寺。后唐明宗李嗣源未登基前与其住持和尚洪密禅师相交甚厚,称帝后曾诏令免其赋税,今赦免碑尚存(图14-10)。

阳城县西南部民俗文化资源丰富,如用花轿迎娶新娘,大年初一清晨放鞭炮,农历新年用面食做小兔子放在房门顶上用来看门户。每年农历五月十三的汤王庙会是析城山最重要的民俗节日。

此外,以公园内析城山为核心的晋豫两省交界地带,长久以来一直流传着众多与中华民族的历史起源有关的神话传说、历史故事,包括女娲补天、女娲造人、愚公移山、汤王祈雨、中国象棋起源等。围绕汤王祈雨故事并结合析城山景观形成一系列的传说故事,如胭粉花、龙须草、娘娘池、斩龙台等。

▲图14-10 千峰寺

15 灵石石膏山省级地质公园

15.1 公园概况

位　　置：晋中市灵石县

地理坐标：东经 111°53′51″—112°00′21″
　　　　　北纬 36°40′40″—36°50′12″

面　　积：71.61km²

批准时间：2010 年 4 月

遗迹亚类：峡谷、飞来峰、断裂

景区划分：石膏山景区、花石岩景区、山林野趣景区和白杨河景区

15.2 地质地理概况

15.2.1 地理地貌概况

灵石石膏山省级地质公园位于晋中市灵石县境内。灵石县位于山西省中部,行政区划属晋中市,是晋中地区的南大门,地处分隔晋中、晋南两大盆地的太岳山与吕梁山的接合部位。汾河自北东流向西南穿县城而过。公园北距山西省太原市185km,南距山西省临汾市125km,东距山西省长治市185km。

公园内以峪口村南北向断裂为界,其东为侵蚀中山区,其西为剥蚀丘陵区,侵蚀中山区顶部有夷平面残留,是汾河水系与沁河水系的分水岭。侵蚀中山区河谷深切,地势高差达1 500m,形成峡谷、瀑布与激流险滩,常有数百米的断崖屹立。侵蚀中山区内森林密布,是欣赏峻险清幽风景的场所。断裂以西是剥蚀丘陵区,也是汾河裂谷下陷区,地形高差300~400m,基本属黄土地貌,冲沟深切,地形破碎,已无黄土塬保存。剥蚀区内河谷开阔,谷地较平坦,一级阶地发育,是当今水浇田分布区(图15-1)。

15.2.2 区域地质概况

公园位于华北板块、山西板内造山带,太岳山板隆、霍山凸块内。是汾河裂谷中段太原裂陷盆地与汾河-侯马裂陷盆地之间的介休-霍县隆起段。

公园内分布着太古宇太岳山杂岩,下古生界寒武系、奥陶系,上古生界石炭系、二叠系,新生界新近系、第四系。

岩浆岩只在太古宙发育,早期有基性熔岩喷发,稍经区域变质并部分熔融式侵入的灰色片麻岩套;元古宙晚期有辉绿岩墙侵入。

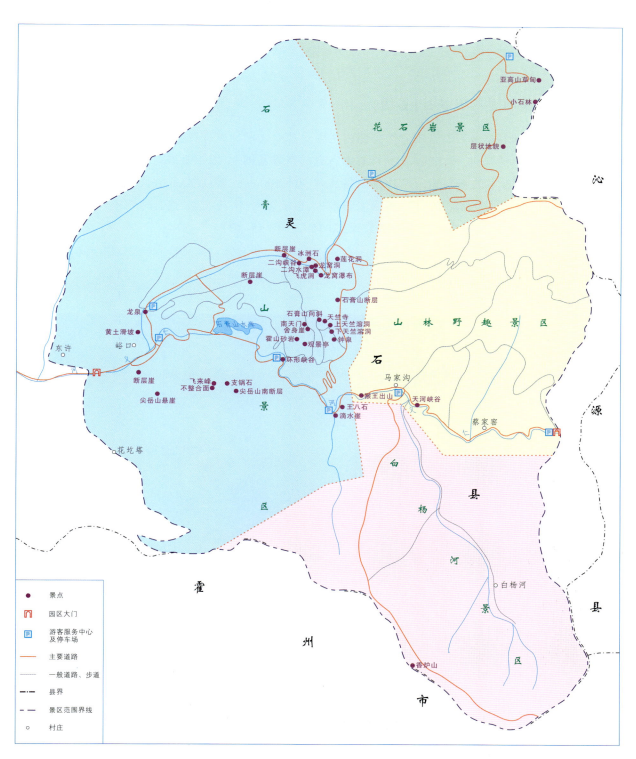

▲ 图 15-1 灵石石膏山省级地质公园导游图

15.3 典型地质遗迹资源

15.3.1 灵石龙吟谷峡谷(省级)

灵石龙吟谷峡谷是灵石石膏山省级公园内主要景观点之一。龙吟谷峡谷起点位于卧龙山庄正东500m处,近东西向延伸,长约1.2km。龙吟谷在古老的宽谷基础上,侵蚀基准面下降,河流侵蚀作用加强,形成镶嵌在宽谷中的新谷地。龙吟谷峡谷高差50~100m,一般高70m,谷底宽10~30m,一般宽15m,高宽比值为4.67,整体呈"V"形。谷底滚石堆积,植被茂密,水流湍急,具有嶂谷的典型特征。峡谷中主要发育泉、瀑布和陡壁3种地质遗迹景观(图15-2~图15-10)。

▼图15-2 灵石龙吟谷(一)

▲ 图 15-3 灵石龙吟谷（二）

▲ 图 15-4 铁佛寺（一）

▲图 15-5 铁佛寺(二)

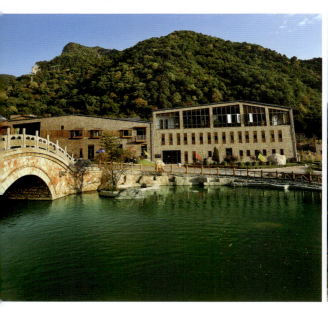

▲图 15-6 卧龙山庄

▲图 15-7 龙广场

▲ 图 15-8 灵石龙吟谷之冬

▲ 图 15-9 灵石龙吟谷秋色

▲图 15-10　灵石龙吟谷青龙瀑布

15.3.2　灵石尖岳山飞来峰（省级）

灵石尖岳山飞来峰位于灵石县南关镇东峪口村东南的尖岳山，为燕山期构造运动留下的地质遗迹。尖岳山山体底部为太古宇太岳山片麻岩，中部为寒武系霍山砂岩，顶部为太古宇太岳山片麻岩。该地质遗迹为1.6亿年前由东向西被推覆到霍山砂岩之上构成典型的飞来峰构造。

15.3.3　灵石东峪口断层（省级）

灵石东峪口断层位于灵石县南关镇东峪口村东南。汾渭裂谷带延伸方向北北西，长约15km。东峪口断层是汾渭裂谷形成的南段主断裂,典型露头长500m。上盘上部由下古生界奥陶系白云岩,白云质灰岩、石灰岩组成,厚500～600m;下部为寒武系白云质灰岩、鲕粒灰岩等连续沉积。下盘上部为上新统静乐组深红色土状堆积物,厚20m;下部为巨厚层砾岩、砂砾岩层和含砂砾黏土,厚250m,两者呈角度不整合接触。其中上盘上升,下盘下降,断层面覆盖不可见,宏观上断层面倾向南西,倾角60～70°,为高角度逆冲断层。

15.4 人文景观资源

石膏山是古人误认钟乳、泉华为山石分泌之脂膏而误以命名,其实石膏山不产石膏。石膏山前东西流向的仁义河,是沟通沁源与灵石的交通要道。要道之旁有此秀丽的自然风景,引来僧侣在此筑庙建寺。明代洪武年间,道工和尚建白衣庵于下岩洞,后在中岩洞、上岩洞建立天竺寺;清代光绪年空远大师新建南天门楼阁(图15-11～15-13)。

▲ 图15-11 石膏山秋韵

▲ 图 15-12 石膏山日出

▲ 图 15-14 天门瑞雪

寺庙可供香客礼拜,文人驻足,于是石膏山许多地方均冠以雅称。天竺寺(图 5-14)有"凡间洞天"之名;横空古柏命名"龙柏空悬";后山巨松称"树塔玲珑";洞边细泉,埋铁钟仰天盛水,命名"钟泉澄澈";石膏山山顶名"罗汉松涛";东山溶洞内有石田,起名"莲池净泉"。

▲图 15-14 天竺寺景区

16 永济中条山水峪口省级地质公园

16.1 公园概况

位　　置：运城市永济市

地理坐标：东经 110°24′—110°43′
　　　　　北纬 34°46′—34°50′

面　　积：94.05km²

批准时间：2013 年 6 月

遗迹亚类：碳酸盐岩地貌、峡谷、层型（典型剖面）、碎屑岩地貌、瀑布

园区划分：水峪口园区、五老峰园区和王官峪园区

16.2 地质地理概况

16.2.1 地理地貌概况

永济中条山水峪口省级地质公园位于山西省运城市永济市南部,地跨虞乡镇和永济市城西街道办,东距运城市区54km。公园位于中条山西段,属中低山区。公园整体地势南高北低,中间高、两侧低,地形复杂、峰岭连绵、峡谷纵横。公园中部五老峰周围海拔1 400~1 800m,山前的运城盆地冲洪积扇区海拔400~500m,最高峰为五老峰,海拔1 809.3m,最低点为风柏峪村东,海拔432m,相对高差1 377.3m(图16-1)。

16.2.2 区域地质概况

公园内地层属华北地层区中豫西分区的中条山小区,出露地层由老到新为中元古界长城系汝阳群、蓟县系,下古生界寒武系、奥陶系,新生界第四系。地层发育较为齐全,沉积岩石类型丰富,特色明显。

公园大地构造位置处于华北断块的豫皖断块的中条山块隆西段,区域地质构造特征为北东东向展布的开阔舒缓褶皱,大的断裂构造较为发育。新太古代由于地壳的伸展作用,中条三叉裂谷形成并发展,形成了太古宙及元古宙变质岩及沉积盖层。中生代形成大型压扭性断层,到新生代得以继承并使之反向滑动。地壳变形由中深层次到浅层次,再到表层次,岩石由韧性到脆性变形转化。

公园及周边地区出露的侵入岩可分为3期,涑水期、中条期和晋宁期。涑水期侵入岩包括变质中酸性侵入岩和变质基性岩脉;中条期侵入岩包括早期变质花岗岩和伟晶岩,以及晚期的辉绿岩脉;晋宁期侵入岩包括正长斑岩、辉绿岩和辉绿玢岩脉,分布在前长城系中,少数穿切长城系和蓟县系。

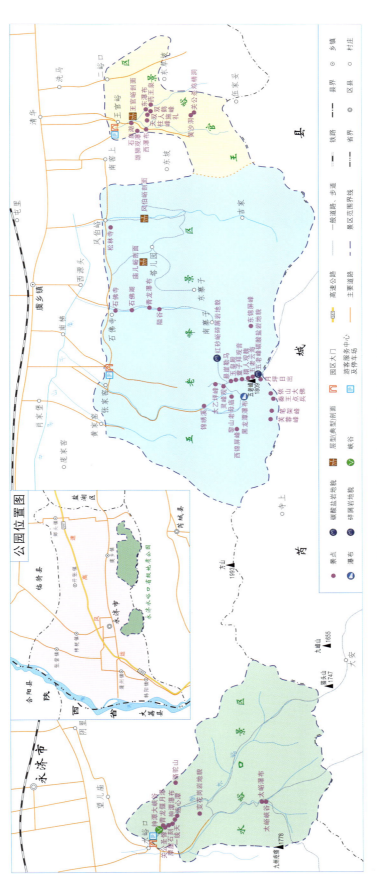

▲图16-1 永济中条山水峪口省级地质公园导游图

16.3 典型地质遗迹资源

16.3.1 永济五老峰碳酸岩地貌（国家级）

永济五老峰碳酸盐岩地貌位于五老峰主峰区。该地貌东西长 10km，南北宽 5km，分布面积约 57.2km²。五老峰主要由中元古界长城系和蓟县系组成，山体北坡岩性主要为长城系白草坪组、北大尖组砂岩，南坡及山体顶部主要岩性为崔庄组泥页岩、洛峪口组白云岩、蓟县系龙家园组白云岩。该地貌主要发育峰丛、石林和石柱等（图16-2、图16-3）。

▼ 图 16-2　永济五老峰碳酸盐岩地貌全貌

▲ 图16-3 永济五老峰碳酸盐岩地貌俯瞰

五老峰：上部出露洛峪口组浅红色厚层致密状粉晶白云岩，下部为龙家园组中厚层粉晶白云岩。五老峰由玉柱峰、东锦屏峰、西锦屏峰、棋盘山和太乙峰组成，远望犹如5位彬彬有礼的老人，列座厅堂，侃侃而谈，故称五老峰（图16-4、图16-5）。

岩溶石林、石柱：位于山脊附近，出露龙家园组灰白色厚层白云岩，白云岩发育两组垂直层面节理，白云岩沿节理受到风化剥蚀形成大小不一的石柱，基底与山脊白云岩相连，石柱单体高10~15m，直径3~5m，呈圆柱状或方柱状，少数呈锥状，在约900m²范围内出露超过20个石柱单体（图16-6、16-7）。

16.3.2 永济水峪口神潭大峡谷（国家级）

永济水峪口神潭大峡谷位于永济市水峪口古村。峡谷岩性为古元古代块状巨厚层五老峰变花岗岩，辉绿岩脉沿峡谷发育，常见片麻岩捕掳体，峡谷底经流水侵蚀和差异风化基岩磨圆度较高，可见连潭瀑布，峡谷入口见水坝蓄水形成人工湖泊。该峡谷为山西省内唯一的古元古代花岗岩形成的峡谷，华北地区少见。峡谷长约1.9km，整体呈"V"形，谷底较窄，谷肩跨度大，高宽比不大，其中一线天峡谷段长300m，呈"U"形，谷底宽10~20m，谷肩高70~100m，高宽比大。峡谷整体沿南东方向延伸并逐渐抬高，谷底落差约400m，谷底坡降度20%（图16-8~图16-11）。

▲ 图 16-4 永济五老峰碳酸盐岩地貌五老峰（一）

▲ 图 16-5 永济五老峰碳酸盐岩地貌五老峰（二）

▲ 图 16-6 永济五老峰碳酸盐岩地貌石柱（一）

▲ 图 16-7 永济五老峰碳酸盐岩地貌石柱（二）

▲ 图 16-8 永济水峪口神潭大峡谷入口（一）

▲ 图 16-9　永济水峪口神潭大峡谷入口（二）

▲ 图 16-10　永济水峪口神潭大峡谷青龙偃月瀑　　　　▲ 图 16-11　永济水峪口神潭大峡谷形成一线天的辉绿岩脉

16.3.3 永济红砂峪碎屑岩地貌（省级）

永济红砂峪碎屑岩地貌位于永济市水峪贯乡西寨子。该处出露中元古界长城系汝阳群崔庄组淡黄绿色—暗紫红色泥页岩，产状145°∠8°。该斜坡长30m，宽25m，坡度34°。由于长期风化作用，泥页岩被风化剥蚀，岩体表面无植被覆盖，形成紫红色泥页岩碎屑斜坡，主要为砂泥质成分，故称红砂峪（图16-12、图16-13）。

▲图16-12 红砂峪碎屑岩地貌

▲图16-13 永济红砂峪碎屑岩地貌崔庄组上部地层

16.3.4 永济黑龙潭瀑布(省级)

永济黑龙潭瀑布位于永济市水峪贯乡。该瀑布围谷为中元古界长城系汝阳群北大尖组淡红色砂岩石英砂岩,产状近水平。瀑布分为两级,一级跌瀑高10m,二级跌瀑高30m,瀑布宽2~3m,虽常年有水但水量较小,受季节变化较大,底部为椭圆型人工水潭,水质清澈(图16-14)。

▲图16-14 永济黑龙潭瀑布

16.3.5　永济庙儿峪白草坪组剖面(省级)

永济庙儿峪白草坪组剖面位于永济市清华乡庙儿峪村南。根据《山西省岩石地层》，永济庙儿峪白草坪组剖面为中元古界汝阳群白草坪组在山西省内的次层型剖面。剖面露头良好，本组属一套潮坪相（砂坪、砂泥坪、泥坪相）形成的红色砂泥岩组合，与下伏云梦山组及上覆北大尖组呈整合接触关系，为一套紫红色、灰白色碎屑岩沉积(图16-15、图16-16)。

16.3.6　永济王官峪汝阳群剖面(省级)

永济王官峪汝阳群剖面位于永济市清华乡王官峪村南。根据《山西省岩石地层》，永济王官峪汝阳群剖面为中元古界汝阳群崔庄组、洛峪口组及蓟县系洛南群龙家园组在山西境内的次层型剖面。崔庄组为一套黑色灰绿色细碎屑岩沉积，洛峪口组以紫红色粉晶白云岩为主，龙家园组为一套灰色、灰白色粉晶—细晶白云岩(图16-17、图16-18)。

▼图16-15　永济庙儿峪白草坪组剖面露头

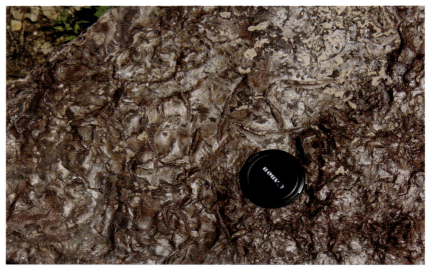

▲ 图 16-16　永济庙儿峪白草坪组剖面 MISS 构造

▲ 图 16-17　永济王官峪汝阳群剖面崔庄组-洛峪口组-龙家园组

▲ 图 16-18　永济王官峪汝阳群剖面崔庄组与洛峪口组界线

16.3.7 永济风柏峪汝阳群北大尖组剖面（省级）

永济风柏峪汝阳群北大尖组剖面位于永济市虞乡镇风柏峪村90°方向500m大沟中。根据《山西省岩石地层》，该剖面为北大尖组在山西省内的次层型剖面。该剖面上北大尖组顶部以一层灰白色中层细粒白云质石英长石砂岩与上覆崔庄组黑色页岩整合接触，底部以一层浅红色中—厚层细粒石英岩状砂岩与下伏白草坪组灰绿色页岩夹薄层砂岩整合接触，该剖面共有41层，自下而上可分为3个岩性段，剖面厚311.7m。该组与上覆崔庄组黑色页岩整合接触，与下伏白草坪组灰绿色页岩整合接触（图16-19）。

▲图16-19 永济风柏峡汝阳群剖面

16.4 人文景观资源

公园所在地永济市的人文景观资源数量众多，类型丰富，文化遗迹、名寺宝刹、名人故里达140余处，是晋南黄河根祖文化旅游区的龙头。主要景观资源包括始建于公元557年的鹳雀楼、西厢记故事发生地普救寺、唐代开元大铁牛、中条第一禅林万固寺、避暑胜地王官峪、绝代佳人杨贵妃故里以及扁鹳庙等。公园内的人文景观资源主要有古寺庙(大明观、石佛寺、松林寺、香花寺)和摩崖石刻(北宋摩崖石刻和大柏峪摩崖石刻)(图16-20、图16-22)。

▲图16-20　鹳雀楼

▲图16-21　普救寺和莺莺塔

▲图 16-22　灵峰观

17 隰县午城黄土省级地质公园

17.1 公园概况

位　　置：临汾市隰县

地理坐标：东经 110°51′45″—110°56′19″
　　　　　北纬 36°28′03″—36°54′30″

面　　积：29.96km²

批准时间：2014 年 8 月

遗迹亚类：层型（典型剖面）、黄土地貌

园区划分：柳树沟园区、鸭湾园区

17.2 地质地理概况

17.2.1 地理地貌概况

隰县午城黄土省级地质公园分为柳树沟园区和鸭湾园区。柳树沟园区位于午城镇南东川河南侧的柳树沟内，沿冲沟两侧呈长条状展布，南北长3km，东西宽0.6~1.35km，面积2.97 km²。鸭湾园区位于下李乡西北部，面积26.99km²。公园东北距山西省太原市180km，东南距河南省郑州市320km，西南距陕西省西安市330km，西距陕西省延安市136km。

公园地处晋陕黄土高原腹地，东临吕梁山主脉。公园内山峰连绵，丘陵起伏，墚峁交错，沟壑纵横，形成典型的黄土残塬沟壑，大于1km的冲沟超过1 000条，形成蔚为壮观的黄土峡谷景观。公园内鸭湾园区黄土丘陵顶面海拔1 200~1 300m，最高为公园东北部边界，海拔1 457.5m。柳树沟园区黄土残塬顶面海拔900~1 000m，最高点为东南角边界处，海拔1 050m（图17-1）。

17.2.2 区域地质概况

公园内地层属华北地层大区中鄂尔多斯分区，出露地层由老到新依次为下古生界奥陶系，上古生界二叠系，中生界三叠系，新生界新近系中新统、上新统和第四系。公园内地层出露较为齐全，沉积岩类型较多，尤其是从新近系中新统保德组、上新统静乐组，至第四系午城组、离石组、马兰组以及全新统，地层连续分布，厚度大，出露良好，特色明显。公园内未发现较大的岩浆岩体出露。

公园大地构造位置处于华北板块和鄂尔多斯板块分界处，属于鄂尔多斯板块的东缘，两者以离石大断裂为界。公园内构造较为简单，呈由东向西缓倾的单斜构造，在此之上叠加有少量宽缓的褶皱。断裂构造以节理为主，只在鸭湾园区东北部存在离石大断裂的次级断裂。

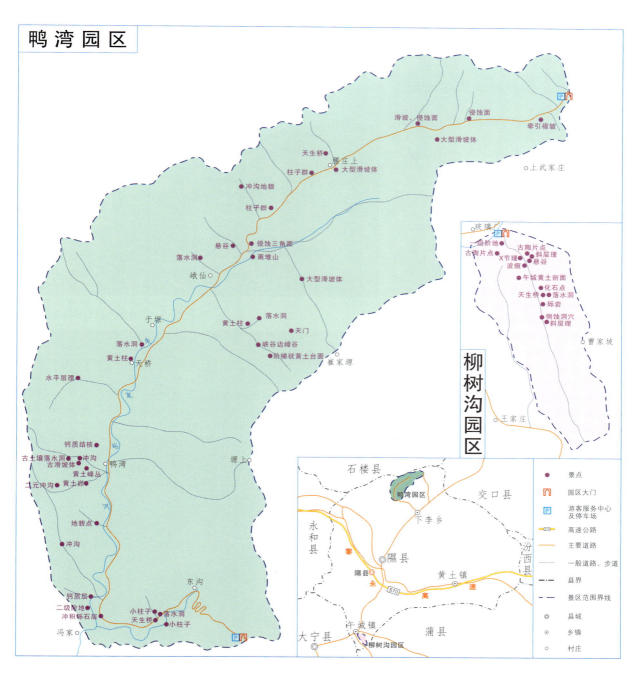

▲图 17-1 隰县午城黄土省级地质公园导游图

17.3 典型地质遗迹资源

17.3.1 隰县柳树沟午城组剖面(国家级)

隰县柳树沟午城组剖面位于隰县午城镇南东柳树沟。根据《山西省岩石地层》，该剖面为午城组正层型剖面，由刘东生、张宗祜于1962年正式创名。午城组黄土是指黄土塬、黄土梁、黄土峁上土状堆积的下部黄土层，岩性为棕黄色、浅棕褐色亚砂土、亚黏土，间夹多层棕红色古土壤及灰—灰白色、灰褐色钙质结核层。与下伏保德组和上覆马兰组均为平行不整合接触。午城组具有重要的科研价值，可以为华北地区相当地层的划分与对比提供依据，对于早更新世、古地理研究具有重要作用(图17-2)。

17.3.2 隰县黄土地貌（国家级）

公园内广泛分布的黄土和红土，形成了黄土高原上特有的黄土地貌景观。下部的古近系红土常形成红土墙、红土廊柱，上部的第四系黄土常形成黄土柱和黄土墙。同时，公园内可以发现黄土地貌发育的全过程，发育大量不同阶段的黄土地貌——黄土塬、黄土梁、黄土峁以及冲沟等(图17-3～图17-5)。

▲ 图17-2 隰县柳树沟午城组剖面露头

▲ 图17-3 隰县黄土地貌黄土冲沟（亚明 摄）

▲图 17-4 隰县黄土地貌黄土墙（亚明 摄）

▲ 图 17-5 隰县黄土地貌黄土柱（亚明 摄）

17.4 人文景观资源

隰县古称隰州,素有"三晋雄邦""河东重镇"之美誉。隰县历史悠久,人文历史积淀深厚,人文景观资源丰富,主要景观包括千佛庵、大观楼、千佛洞石窟3处国家级文物保护单位,旧址、旧居和午城战斗遗址等8处省级文物保护单位,古遗址、古墓葬、古建筑等58处县级文物保护单位。

隰县自古以来有种植梨树的传统,与原平市、高平市、汾阳市一起号称山西省四大梨乡。尤其隰县是"中国金梨之乡"和"中国酥梨之乡",同时也是"中华酥梨基地县"。全县梨果面积达32万亩,有108个梨品种,尤其是名产"玉露香梨"在2008年被北京奥林匹克运动会组织委员会确定为山西省唯一指定销售果品。与公园鸭湾园区毗连的水果基地海拔950～1 150m,气候温和,光照充足,昼夜温差大,极适宜果树生长。目前,种植梨树已经成为隰县的优势种植业,且一直在扩大影响(图17-6～图17-9)。

▼图17-6 隰县梨花(一)(亚明 摄)

▲图 17-7　隰县梨花(二)(亚明 摄)

▲图 17-8　隰县梨花(三)(亚明 摄)

▲图 17-9　隰县"玉露香"（亚明 摄）

18 原平天涯山省级地质公园

18.1 公园概况

位　　置：忻州市原平市

地理坐标：东经 112°45′53″—112°50′16″
　　　　　北纬 38°42′30″—38°46′00″

面　　积：27.2km²

批准时间：2017 年 1 月

遗迹亚类：侵入岩地貌、河流景观带、峡谷

园区划分：天涯山园区和滹沱河园区

18.2 地质地理概况

18.2.1 地理地貌概况

原平天涯山省级地质公园位于忻州市原平市。公园横跨山西省东部褶皱断块中山与高原大区内的五台山-恒山断块，剥蚀高中山区和中部断陷盆地大区内的忻州盆地洪积冲积平原区。公园整体地势东北高而西南低，东北部和中部诸峰海拔均在1 000m以上；西部、北部平原相对较低，海拔在700～800m。最高点位于公园中东部，西脑上村北，海拔为1 354m，最低处海拔794m，位于地质公园西部滹沱河沿岸，相对高差560m。

公园中东部地区为构造侵蚀中、低山区，一般山峰高程800～1 300m，相对高差200m，主要有3条高度不同的山脉、陡缓不均的坡面和2条深度不同的山谷组成。山谷走向西北，一般呈"V"形，坡降度约0.03，山顶主要为圆锥状和"龙脊"状。山坡坡角多在20°～30°。基岩裸露，山峰连绵屹立，山间流淌季节性溪水，多陡坎。公园西部为河流冲蚀平原区，高程790～800m，相对高差10m。主要为河流冲蚀作用形成的河谷及两岸堆积形成的扇形河漫滩等地貌。河谷呈蛇曲类型，发育大量心滩，水流流速较缓（图18-1）。

18.2.2 区域地质概况

公园内出露的地层由老到新依次为新太古界五台岩群柏枝岩组，古元古界滹沱系豆村亚群四集庄组，新生界第四系中更新统离石组，上更新统峙峪组、马兰组，全新统选仁组、沱阳组。公园内构造较少，仅有少量小型褶皱、断裂及一处不整合面。

公园内的侵入岩以古元古代吕梁期中酸性侵入岩为主体，分布于天涯山园区中部，面积8.92 km²，占天涯山园区面积的32.79%。其次为古元古代吕梁期及中元古代晋宁期基性岩脉，广泛分布于地质公园内。前者以变质辉绿岩脉为主，后者则以未经变质的辉绿岩脉为主。其他中酸性脉岩有辉长岩脉、正长岩脉、细粒花岗岩脉、石英脉等，仅零星在局部分布。

▲ 图 18-1 原平天涯山省级地质公园导游图

18.3 典型地质遗迹资源

18.3.1 原平天涯山石鼓石（国家级）

原平天涯山石鼓石占地面积 25m²，位于公园正门西北侧 30m 处。石鼓石岩性为中酸性浅粉红色变质巨斑状黑云母（斜长）花岗岩。公园范围干旱多风，较薄的花岗岩墙因裂隙发育而受长期的风蚀、寒冻风化等作用，在花岗岩墙迎风壁上形成穿洞，是典型的风蚀花岗岩地貌，该穿洞立于岩体之上形似鼓槌。槌头由直径 10m 的巨石构成，与长 15m 悬空斜支的槌柄浑成一体。鼓头在上，槌柄支下，除这两个支点外四面临空，槌把之下形成石门，高 3~5m。

古人对该石鼓石有大量描述。据记载："天涯山有石，形似鼓，不待琢以成器，惟应观而像园，鼓非革生音，从石中发清虚之雅奏，超尘瀁似和鸣。"诗人元好问诗赞其曰："焕起山灵槌石鼓，汉女湘妃出歌舞。"这些都无不称赞石鼓石的奇妙之处（图 18-2、图 18-3）。

▼图 18-2 原平天涯山石鼓石（一）

▲ 图 18-3　原平天涯山石鼓石(二)

18.3.2　原平莲花山花岗岩地貌(国家级)

原平莲花山占地面积约 2 500m²，位于园正门西北侧 65m。莲花山岩性为浅粉红色变质巨斑状黑云母(斜长)花岗岩。岩体沿两组贯通性好的垂直节理风化剥落，形成四周陡峭、雄伟壮观的独立峰体，横截面形态近似圆形，峰体下粗上细，为典型的塔峰状花岗岩地貌。塔状峰继续受两组垂直节理的切割，受地表水的冲蚀及多种风化作用使节理成为裂隙，被切割成中间低凹、分成多瓣的莲花状，惟妙惟肖。莲花山高 20m，直径 50m，由 4 瓣莲花组成(图 18-4～图 18-6)。

图 18-4　原平莲花山花岗岩地貌(一)▶

18.3.3 原平天涯山塔峰状花岗岩地貌(国家级)

原平天涯山塔峰状花岗岩地貌占地面积约 0.13km²,位于天涯山主峰区。天涯山岩性为浅红色变质似斑状黑云母花岗岩。该花岗岩体沿两组贯通性好的垂直节理风化剥落,形成典型的塔峰状花岗岩地貌景观。部分峰体崩塌,崩塌体散落山坡。崩塌体球形风化形成圆形的或近似圆形的球体,最终形成复杂多样的花岗岩地貌景观。其中包括塔峰状花岗岩地貌、花岗岩岩穴地貌、坍塌叠石花岗岩地貌、石蛋花岗岩地貌等,且大多具象形(图18-7)。

冲蚀壶穴:花岗岩岩体表面受到流水侵蚀作用和化学风化作用,同时,激流涡旋夹带砂砾磨石基岩表面,于低洼处或构造相对较软弱处形成圆形壶穴,内壁呈弧形,底部下凹,开口直径60cm。

▲图18-5 原平莲花山晚霞

▲图18-6 原平莲花山花岗岩地貌(二)

石蛋群：花岗岩崩塌岩块散落缓坡，在球形风化作用下形成大小不一的石蛋，直径1.5～2.5m，成群分布，面积约125m²。

▲图18-7 原平天涯山塔峰状花岗岩地貌

风动石：由于受后期风化、寒冻剥蚀，散落在山坡上的崩塌岩块，风化后常形成风动石。风动石可单独出现，多成群出现，位于山脊、缓坡或山坡底部。该处风动石直径1.5m，立于山脊摇摇欲坠（图18-8）。

象形石：除上述地貌形态外，在天涯山园区的岩体中发育了一系列的令人称奇的象形石，大大小小多达百处，如"马蹄石""鹰石""鸟石""象石""乌龟石""眼镜蛇""八戒献寿""叠罗汉""佛手石""沙盘模型石""骆驼石""将军朝圣""石人抱布"等，怪石嶙峋，惟妙惟肖（图18-9～图18-13）。

▲图18-8 原平天涯山塔峰状花岗岩地貌风动石

▲ 图 18-9 原平天涯山塔峰状花岗岩地貌"鸟石"

▲ 图 18-10 原平天涯山塔峰状花岗岩地貌"乌龟石"

▲ 图 18-12　原平天涯山塔峰状花岗岩地貌"将军朝圣"

▲ 图 18-11　原平天涯山塔峰状花岗岩地貌"叠罗汉"

▲ 图 18-13　原平天涯山塔峰状花岗岩地貌"石人抱布"

18.3.4　天涯山犬齿状岭脊花岗岩地貌（省级）

天涯山犬齿状岭脊花岗岩地貌位于天涯山主峰东侧，岩性为浅肉红色变质似斑状黑云母二长花岗岩。发育两组节理，倾向分别为141°、176°。由于地表花岗岩沿节理遭受寒冻风化、崩落裂解作用，在长约300m的山脊上散布着近50处犬齿状山丘，山丘高3～5m，底部直径1～5m，呈尖棱形。由于后期球形风化作用，一些山丘趋于圆滑，形成参差嶙峋的犬齿状岭脊花岗岩地貌景观，这些犬齿山丘常具象形，如马蹄石等（图18-14）。

▲ 图 18-14　天涯山犬齿状岭脊花岗岩地貌

18.3.5　峙峪石蛋花岗岩地貌（省级）

峙峪石蛋花岗岩地貌位于峙峪村东沟谷中，占地面积 0.022km²，岩性为浅肉红色变质似斑状黑云母二长花岗岩。地表花岗岩体沿节理遭受寒冻风化、崩落裂解作用，在沟谷谷坡上散落 100 多个花岗岩崩塌岩块，受后期风化作用，崩塌岩块趋于球形。形成规模巨大的花岗岩石蛋群，大型石蛋直径 3～5m，小的直径 0.5～1m，为典型的石蛋花岗岩地貌景观（图 18-15、图 18-16）。

18.3.6　原平滹沱河河流景观带（省级）

原平滹沱河河流景观带位于滹沱河园区，东营村东，占地面积 6.6km²。滹沱河进入公园后，呈冲积平原型特征，河谷水力坡降为 0.17%。河谷呈"曲流"形河谷，河谷在红旗大桥以北呈双"S"形，宽 500～700m，河道中分布多个边滩、心滩（图 18-17），河道两侧为河漫滩草地。整个河谷大部为湿地所占，蜿蜒的河道如玉带，穿过绿草如毡的湿地草滩，草滩上牛羊成群，河心滩、边滩及沙洲之上各种水鸟成群，是十分优美的风景河段（图 18-18）。

清代徐攀桂《滹沱新涨》曰:"滹沱新涨水光寒,蔓草平沙漾翠润。夹岸屯田何处是,波回雁叫夕阳滩。"明代何景明有诗曰:"长堤枕春郭,断岸入残晖。宿鸟张灯起,惊凫解缆飞。"两首古诗分别描绘了滹沱河的美景和惊涛拍岸的气势。

▼图 18-15　峙峪石蛋花岗岩地貌

▼图 18-16　峙峪石蛋花岗岩地貌石蛋

▲图 18-17　原平滹沱河河流景观带边滩和心滩

▲图 18-18 原平滹沱河河流景观带

18.3.7 原平峙峪峡谷（省级）

原平峙峪峡谷位于峙峪村东 1km 处沟谷中。峡谷整体为"U"形，东西向延伸 1.8km，谷底一般宽 20～30m，最宽处达 50m，最窄处不足 10m，形成嶂谷。谷肩高 80～100m，高宽比值一般为 4，出露面积约 1.1km²。整个峡谷出露吕梁期浅肉红色变质似斑状黑云母二长花岗岩，局部被第四纪黄土覆盖。峡谷中发育悬谷、瀑布、壶穴、风动石等地质遗迹（图 18-19～图 18-23）。

▼图 18-19 原平峙峪峡谷崩塌岩块

▲图 18-20 原平峙峪峡谷风动石

▲图 18-21 原平峙峪峡谷辉绿岩脉

▲图 18-22 原平峙峪峡谷叠瀑

▲图 18-23 原平峙峪峡谷"✕"节理

18.4 人文景观资源

公园所在地原平市,历史悠久,源远流长,文脉深厚。从西汉元鼎三年(公元前114年)始置原平县,已有 2 100 多年的城治历史。原平市名胜、文物、古迹遍布全境,现共有旧石器时代文化遗址 6 处,新石器时代文化遗址 123 处,省级以上文物保护单位 7 处、市县级 26 处。除古遗址外,还包括古墓葬、古建筑、石窟寺及石刻、文化名城等。

原平市历代人才荟萃,名人辈出,是前仆后继编著完成《汉书》的"三班"(班彪、班固、班昭)的故里。班彪的另一个儿子班超是东汉名将,与其子班雄、班勇,相继出任西域长史、越骑校尉,安抚西域长达数十年,功勋卓著,民间称"班氏三雄"。郝姓始祖,流芳"晋贤故里","晋贤故里"冠之于同川上社村,其典故出处为《世说新语》对东晋名士郝隆的 3 段故事。上社村即为郝隆故里,其墓冢在此。郝氏后世子孙中名士迭出，有唐代名相郝处俊、五代将军郝胜、金代翰林郝俣、明代知州郝璋等。另外西社村的"续氏三杰"（续西峰、续范亭、续式甫），誉载国共两党。原平市还是中国北方的将军之乡，自辛亥革命以来，从原平市这块土地上共走出国共两党 100 余名将军。

公园内有上封、峙峪、停旨头 3 处新石器时代遗址，峙峪地道、摩崖石刻。天涯山景区有石鼓神祠，坐落于石鼓山下已有 1 400 多年的历史。石鼓神祠内的石鼓神殿坐北朝南，殿内塑有介子推和其母的雕像（图 18-24），并设置精美暖阁以示崇敬，墙壁上彩绘 32 幅介公生平形藏和带兵行云布雨的壁画，以推崇介公的忠孝大义精神。祠前门外，有高耸的石旗杆，有华丽辉煌的木雕牌坊和一对怒目圆睁的石狮，还有一座和神祠山门相对的古戏台（图 18-25）。石鼓神祠为县级重点文物保护单位（图 18-26、图 18-27）。

▼图 18-24　介子推像

▲图 18-25　古戏台

▲图 18-26　千年古枣树

▲图 18-27　石鼓神祠

19 襄垣仙堂山省级地质公园

19.1 公园概况

位　　置:长治市襄垣县

地理坐标:东经 13°10′—113°14′

　　　　　北纬 36°46′—36°50′

面　　积:20.73km²

批准时间:2017 年 11 月

遗迹亚类:碳酸盐岩地貌、瀑布

景区划分:东景区、西景区和漳河景区

19.2 地质地理概况

19.2.1 地理地貌概况

襄垣仙堂山省级地质公园地处太行山西麓，上党盆地东北隅，襄垣县城东北25km处。公园距山西省长治市45km，距山西省太原市245km，南至河南省洛阳市298km。

根据海拔及形态上的差异，公园地貌可分为中山、中低山、低山区。按成因划分，公园东北侧为大于1 500m的构造侵蚀中山区；公园中部大部分地区为1 000~1 500m的构造侵蚀中低山区；公园西南漳河景区则位于700~1 000m的构造侵蚀低山区（图19-1）。

19.2.2 区域地质概况

公园内出露地层主要为下古生界寒武系张夏组、崮山组、三山子组，奥陶系马家沟组以及第四系。公园内未见岩浆活动。

公园整体位于华北板块山西板内造山带的中南部。受中生代—新生代构造控制，构造轮廓清楚。中生代构造与山西省整体构造线方位一致，构造线呈北东—北北东向。新生代喜马拉雅运动又叠加产生北东、北西向断裂，形成了山间盆地，同时基岩山区隆升，不同时代的地质体相继出露，自西向东主要跨越了沁水板㧑和太行山板隆两个三级构造单元，其内部与其伴生的次级褶皱群及脆性断裂广泛发育。

19.3 典型地质遗迹资源

19.3.1 襄垣井背仙堂山碳酸盐岩地貌（省级）

襄垣井背仙堂山碳酸盐岩地貌位于襄垣县下良镇井背村，分布面积22km²。碳酸盐岩地貌主要由溶洞群和碳酸盐岩中山地貌组成（图19-2~图19-6）。

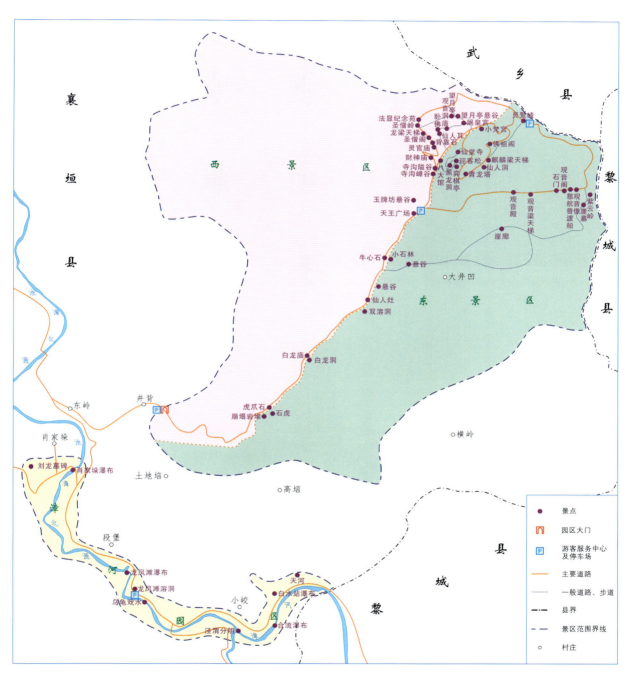

▲ 图 19-1 襄垣仙堂山省级地质公园导游图

▲ 图 19-2　襄垣井背仙堂山碳酸盐岩地貌"白云无恙"

▲ 图 19-3　普渡船观音阁

▲ 图 19-4　青龙塔

▲ 图 19-5　襄垣井背仙堂山碳酸盐岩地貌晨辉秋色

▲ 图 19-6　襄垣井背仙堂山碳酸盐岩地貌长墚绝壁

溶洞群：仙堂山内溶洞较多，其中洞内面积最大、钟乳石发育最多的当属黑龙洞。黑龙洞发育于马家沟组四段灰岩中，溶洞整体为弧形，长40m，纵深10m，面积400m²，洞口高4m，朝向251°。洞内发育石柱、石幔、边石堤等，其中石柱和边石堤是该洞内最主要的钟乳石(图19-7)。

碳酸盐岩中山地貌：仙堂山相对高差达939.26m，在构造运动、流水侵蚀、重力崩塌作用下，山体沿节理、裂隙崩塌，形成了一系列陡峭的岩壁，造就了谷深沟险、峰雄奇绝的地貌。

▲图19-7　襄垣井背仙堂山碳酸盐岩地貌黑龙洞钙华池

19.3.2　襄垣龙凤滩瀑布(省级)

襄垣龙凤滩瀑布位于襄垣县下良镇段堡村南东。基岩地质体为寒武系张夏组厚层鲕粒灰岩。龙凤滩瀑布处于浊漳河北源河道内，该段河道宽80m，由北西向南东流淌，浊漳河水质浑浊，河道常年流水。瀑布形成于河道转弯处，瀑布宽50m，分为2级，第一级高3m，第二级高2m。因河水携带大量泥沙，水质浑浊，因此该瀑布是较为独特的黄色瀑布，与襄垣白水站瀑布形成了鲜明的对比。龙凤滩瀑布的成因与黄河壶口瀑布类似，在河流强烈的下蚀作用下，河流的侵蚀基准面下降，河水沿河床裂点长期向下侵蚀，使河床纵剖面角度逐渐变陡，坡面增大，从而形成了瀑布景观(图19-8~图19-10)。

19.3.3　襄垣白水站瀑布(省级)

襄垣白水站瀑布位于襄垣县下良镇小岐村东。泉水出水口基岩为寒武系张夏组厚层鲕粒灰岩。白水站瀑布是位于山坡的泉水沿山坡向下流淌形成的山坡型瀑布景观(图19-11)。瀑布位于浊漳河北岸，落差30m，底部宽20m，顶部宽15m，坡角为60°。坡脚有长30m的钙华沉积，钙华上面有青苔覆盖，水流汇入浊漳河河道内(图19-12)。

▲ 图 19-8 襄垣龙凤滩瀑布全景

▲ 图 19-9 襄垣龙凤滩瀑布下游

▲ 图 19-10 襄垣龙凤滩瀑布

▲ 图 19-11 襄垣白水站瀑布

▲ 图 19-12　浊漳河秋韵

19.4 人文景观资源

仙堂山素有"太行灵山"之称。翠微峰、灵鹫峰、紫云峰环列如屏，层峦叠嶂，群峰竞秀，花草树木共有 360 多种，植被覆盖率达 90%，空气质量和地表水质量为国家一级标准，环境噪声达到"零"标准。阳春百花争妍，盛夏林荫蔽日，深秋红叶遍山，冬季冰雪玉洁，自然风光四季如画，素有"休闲胜地""天然氧仓"之美誉。主建筑仙堂寺居胜景之冠，门前天梯矗立，寺后奇峰高耸，殿内外泉水萦绕，四面环山、神奇壮观，古称"九龙环抱，人杰地灵"。金灯岩、舍身崖、黑龙洞、朱砂洞等奇峰险洞千姿百态，鬼斧神工。仙堂奇松、娲皇奇树、礼花树更为树中之绝，举世罕见。正如明代永乐年间进士李浚诗赞："此是蓬莱真境界，更于何处觅仙堂"。

仙堂山钟灵毓秀，人杰地灵。早在 1 600 年前的东晋时期，仙堂山即已成为著名的佛教圣地，出生于襄垣县的东晋高僧法显曾于此出家弘法（图 19-13），仙堂山留下了大量与他有关的遗迹和诗词。他是我国历史上第一个到印度取经的僧人，比唐玄奘早 230 年，早于到达美洲大陆的哥伦布 1 080 年，被鲁迅赞誉为"中国的脊梁"。1992年,学术界就此在人民大会堂举行新闻发布会,引起了全世界的轰动。另有明代朝廷重臣刘龙,是仙堂山脚下浊漳河景区内的肖家垛村人,从小在仙堂寺(图19-14)读书,24岁中探花,官至礼部、吏部、兵部尚书,功绩卓著,堪称一代廉吏。如今,昔人虽远,但古风长存,法显讲经坛遗迹、《佛国记》碑刻、赵朴初题字、刘龙读书遗址、仙堂留诗、御制丰碑等人文景观,无不闪烁着历史的光辉,令人神往,催人奋进。另外后赵皇帝石勒、明代冰怀上人天竺等曾登临此山,现存宋僧塔林石刻、岩画残迹、清代题留残墨数处,经幢、重修碑10余处,以及纪念法显高僧西行求法的铜质印章、木质印章和石刻等,均具有很高的艺术价值。

▲图19-13　法显塑像

▲图19-14　仙堂寺

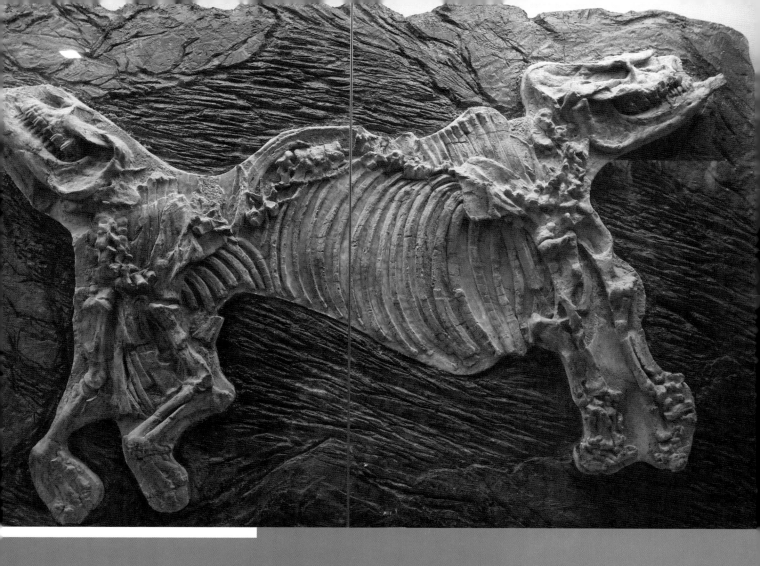

第 3 篇　国家级古生物化石集中产地

20 长子国家级重点保护古生物化石集中产地

20.1 公园概况

位　　置：长治市长子县

地理坐标：东经 112°48′32″—112°51′49″

　　　　　北纬 35°59′00″—36°03′06″

面　　积：13km²

批准时间：2014 年 1 月

遗迹亚类：古植物化石产地

集中区划分：壑只—东峪集中区、团城集中区

20.2 地质地理概况

20.2.1 地理地貌概况

长子国家级重点保护古生物化石集中产地位于太岳山脉与上党盆地过渡地带，在漫长的地质演化中，在内外地质营力的综合作用下，形成了地表形态复杂多样，高差明显的地貌特征，自西向东地势逐渐变缓。产地内最高点为东峪村南山脊，海拔1 143.2m，最低点为苏里河河谷，海拔946.3m，最大相对高差196.9m。产地总体地势西南高、东北低，属于低中山区。产地内河流主要有由南向北的苏里河，属于季节性时令河，向北汇入浊漳河（图20-1）。

20.2.2 区域地质概况

产地属华北地层区中山西地层分区的长治小区，区内出露地层由老到新有：古生界二叠系石盒子组、孙家沟组，中生界三叠系刘家沟组，新生界第四系离石组、马兰组。产地内未见岩浆活动。

产地位于山西省东南部上党盆地西侧，大地构造位置位于华北地台中部太行山断褶带西部，沁水断陷长治新裂陷西南部。区内褶皱构造简单，断裂构造不发育，岩层多表现为稳定向西倾斜的单斜构造，岩层倾角5°～11°。

20.3 典型地质遗迹资源

长子硅化木化石群位于长子县南陈乡壑只—东峪村，分布面积大于30km²。硅化木主要产出于上二叠统孙家沟组黄绿色长石砂岩和中二叠统石盒子组黄色砂岩中。该产地木化石部分裸露于地表，部分被黄土覆盖，余则仍与砂岩紧密接触。已发现并经过精确定位的木化石149件，其中国家一级重点保护木化石30件，二级重点保护木化石34件，三级重点保护木化石45件，长度大于10m的共12件，直径大于1m的共17件。木化石赋存密度高，数量大，主要种属为大南洋杉木等（图20-2、图20-3）。

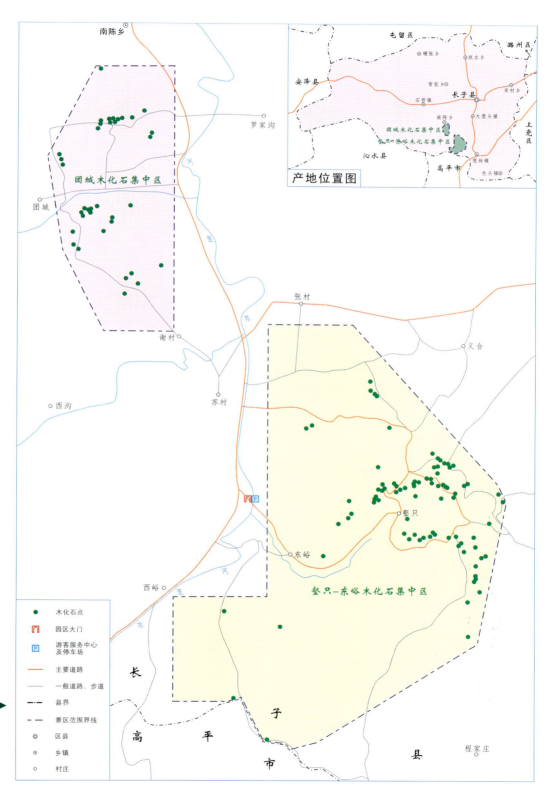

图 20-1 长子国家级重点保护古生物化石集中产地导游图

产地具有古生物化石出露集中、规模大的特点，是中国时代较老、密度较高的木化石产地。产地内木化石材料完整、细胞组织结构清晰、产出数量之多在整个晚古生代也都较为罕见，可以为华北地区二叠纪与三叠纪之交古环境演变提供新的资料。木化石保存较为完整，已对大部分采取原地建立玻璃钢防护罩等措施进行保护（图20-4）。

▲ 图20-2 长子硅化木化石群（一）

▲ 图 20-3　长子硅化木化石群（二）

▲ 图 20-4 长子硅化木化石群保护工程

20.4 人文景观资源

产地所在地长子县是中国尧帝时代丹朱的封地、西燕的古都。长子,因尧帝长子丹朱受封于此而得县名。2007年7月,长子县被联合国评为中国"千年古县"。长子县历史悠久,名胜古迹众多,有神农城、神农井、五谷畦等历史遗迹。县境西部发鸠山(图20-5)因"精卫填海"的故事闻名遐迩,山上灵湫庙、灵应侯庙以及九幺十八洞的历史遗存,至今可见到。法兴寺(图20-6)、崇庆寺彩塑及石舍利塔等国宝,令专家叹为观止。此外,战国墓、西汉忠臣鲍宣墓、唐代县令崔府君庙、白鹤观唐碑、胡家贝唐槐、古兴宋槐等奇观胜迹数不胜数。全县共有国家级文物保护单位3处,省级文物保护单位3处,县级文物保护单位148处,藏有石器、铜器等珍贵文物1 000多件(图20-7、图20-8)。

▼图20-5 发鸠山

▲ 图 20-6　法兴寺

▲ 图 20-7　长子古生物化石集中产地科考步道

▲ 图 20-8 仙翁山自然生态环境

21 宁武国家级重点保护古生物化石集中产地

21.1 公园概况

位　　置：忻州市宁武县

地理坐标：东经 112°02′25″—112°08′05″
北纬 38°43′30″—38°49′50″

面　　积：20.95km²

批准时间：2014 年 1 月

遗迹亚类：层型剖面、古动物化石产地、古植物化石产地

集中区划分：炭窑坪化石集中区、寺耳沟–头马营化石集中区

21.2 地质地理概况

21.2.1 地理地貌概况

宁武国家级重点保护古生物化石集中产地地处晋西北黄土高原东部边缘的宁武县。产地内及周边山峰高耸，群山森列，地势高峻，平均海拔在 2 000m 左右。产地内以山地为主，最高点在孙家沟村北西，海拔 2 115m，最低处位于头马营村东汾河谷地，海拔 1 500m。

产地内河流属于汾河流域，汾河贯穿产地南北，有和尚沟–二马营村、孙家沟–头马营村两条北西向无名时令河汇入汾河。汾河流域占宁武全县面积的 3/4，由汾河、洪河北石沟、西马坊沟、麻地沟等众多的大小沟谷水流组成，汾河西部多高山峻岭，森林覆盖较好。沿河峡谷由东寨镇至石家庄市，包括东寨、化北屯、宁化、西马坊、石家庄、东马坊、圪嶙、新堡、怀道等乡镇的部分村庄。河谷宽 1～1.5km，最大达 2.5km（图 21-1）。

21.2.2 区域地质概况

产地属华北地层区山西分区的吕梁–太行山小区，位于凤凰村–化北屯向斜的北西翼，地层呈向南东倾斜的"单斜层"，向斜翼部为石炭系、二叠系及三叠系，槽部为侏罗系，地层产状倾向 125°～145°，倾角 54°～27°。产地地层出露比较齐全，最老为古生界石炭系，最新至新生界第四系，其中二叠系和三叠系是产地主要出露的地层，也是产地内重要古生物化石赋存的地层。产地地层走向为北东—南西向，自西向东地层逐渐变新，由炭窑坪村东至大北沟村一线向东依次出露石炭系、二叠系、三叠系。产地内未见岩浆活动。

产地内断裂构造不明显，位于东寨–春景洼逆断层南东，仅在孙家沟村三叠纪剖面见小型层间滑动断层，走向 30° 左右，倾向南东，倾角 30°～70°，断距 10～20m。

▲ 图 21-1 宁武国家级重点保护古生物化石集中产地导游图

21.3 典型地质遗迹资源

21.3.1 中国肯氏兽动物群

产地内发现的肯氏兽动物群化石赋存地层为三叠系二马营组上段中部,由王择义于1958年首次发现于宁武县大场村虎台沟,包括 *Parakannemeyeria dolichocephal*(长头副肯氏兽)和 *Parakannemeyeria ningwuensis*(宁武副肯氏兽)。肯氏兽化石现保存于中国科学院北京古脊椎与古人类研究所标本室中。另外也有部分肯氏兽化石碎片被民间收藏。产地南部的石坝村一带产 *Shansisuchus* sp.(山西鳄未定种),*Kannemeyeriidae*(肯氏兽科化石)。

21.3.2 硅化木

产地内发现较多硅化木,其中最长的1件总长25m,早年出露地表,因修路先挖出的13m,一部分毁坏垫路,另一部分(长7～8m)被一单位收藏。目前,该硅化木为原址出露,现总长12m,颜色为褐黄色,树根端朝向165°,清晰地保存着树皮(碳化)、木质部生长纹和沼泽树干特有的根部肋带等,年轮不明显。该硅化木赋存于石盒子组一段黄绿色薄—中层中—细粒长石砂岩中(图21-2)。

◀图21-2 宁武硅化木博物馆

21.3.3 华夏植物群

华夏植物群广泛见于石炭系—二叠系泥岩、砂岩中。产地内的华夏植物群晚石炭世分子在太原组和山西组的陆相地层中含量丰富,常见的有石松类(鳞木)、真蕨植物(栉羊齿、楔叶等)、种子蕨植物(脉羊齿)、裸子植物(科达叶化石)。这些植物还是煤炭形成的原始物质,在煤层中或煤层的顶面上大量保存。

21.3.4 层型剖面

产地内孙家沟村—陈家庄村一带的宁武县孙家沟剖面为上二叠统至下三叠统孙家沟组、刘家沟组、和尚沟组(图21-3)正层型剖面;和尚沟—南梁上村一带的宁武县孙家沟二马营组剖面为二马营组正层型剖面,4个组的层型剖面均由刘鸿允等于1959年测制并命名。

▲ 图 21-3 和尚沟组地层露头

22 五台山国家级重点保护古生物化石集中产地

22.1 公园概况

位　　置：忻州市五台县

地理坐标：东经 109°48′34″—109°49′13″
　　　　　北纬 36°03′01″—36°01′55″

面　　积：34.01km²

批准时间：2014 年 1 月

遗迹亚类：层型（典型剖面）、古生物遗迹化
　　　　　石产地

集中区划分：纹山叠层石集中区、槐荫叠层
　　　　　石集中区、阁子岭集中区、狼
　　　　　山叠层石集中区

22.2 地质地理概况

五台山国家级重点保护古生物化石集中产地位于山西省东北部，五台山区南坡，系舟山断裂北侧。该化石集中产地主要归属忻州市五台县管辖，部分归定襄县管辖（图22-1）。

五台山跨忻州市五台县、繁峙县、代县、原平市、定襄县，总面积约3 500km²。主峰北台海拔3 061m，为华北最高峰。主峰沿繁峙县、代县与五台县分界线以北东走向分布。滹沱群分布区主体位于五台山主峰南侧，面积约1 500km²，其南以系舟山断层为界，为古生界地层分布，其北为五台群地层分布。滹沱群分布区北部为五台山基岩山体部分，南部以一系列黄土盆地分割，地层只出露在盆地之间狭长的小分水岭上。滹沱群层型剖面基本位于彼此不相连的盆地间分水岭上，共由7条剖面9段构成。

产地周边自西向东依次分布着同川河、小营河、滤虒河、虒阳河、清水河，均汇入滹沱河后向东入海河水系。

22.3 典型地质遗迹资源

叠层石过去被认为是化石，现可作为类生"准化石"，它由微体藻类植物化石群体结合藻丝体在海水中捕获物综合构成。五台山产地内的滹沱系叠层石分布在几乎所有白云岩地层之中，除了东部边缘地层经较高温压变质作用叠加而导致叠层石消失外，中部、西部地区叠层石均相当发育，区内叠层石出露点上百个。此外，五台山产地内滹沱群剖面是滹沱系的正层型剖面。

22.3.1 五台娘娘堖滹沱群剖面（国家级）

五台娘娘堖滹沱群剖面位于五台县团城乡木山岭村北东1 500m娘娘堖南山脊上（图22-2）。根据《山西省岩石地层》，该剖面为四集庄组（图22-3）、寿阳山组（图22-4）、木山岭组正层型剖面。1967年由武铁山、徐朝雷创名。四集庄组厚395m，主要由变质砾岩、含砾绿泥片岩、含砾石英岩等组成。上部还包括了厚度不大的变质杂砂岩和板岩，与下伏绿泥绢云片岩角度不整合接触，与上覆寿阳山组整合接触。寿阳山组厚486m，主要由变质杂砂岩、长石石英岩、含砾石英岩组成。上部含少量千枚岩，与下伏四集庄组整合接触，与上覆木山岭组整合接触。木山岭组厚279m，以银灰色、灰白色千枚岩为主，上

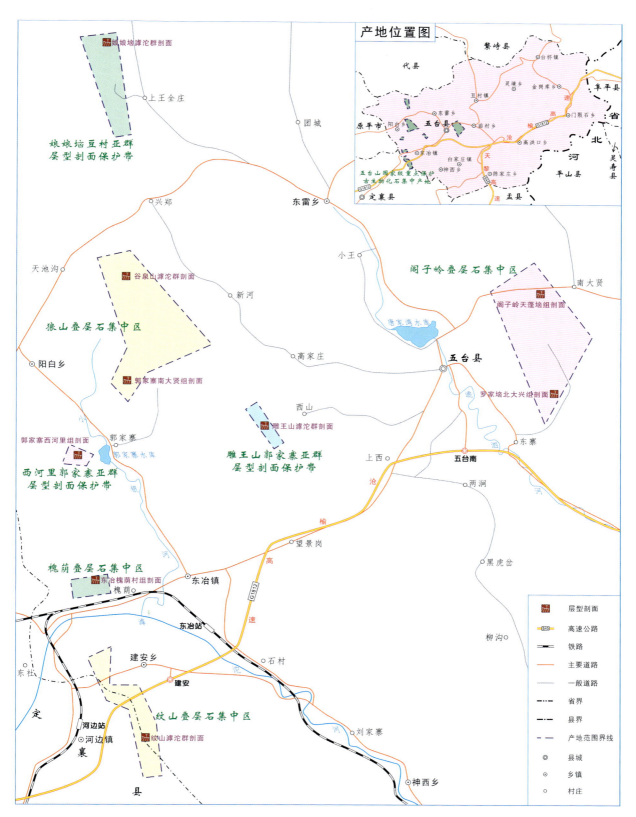

▲ 图 22-1 五台山国家级重点保护古生物化石集中产地导游图

部夹砂质大理岩、大理岩及少量钙质长石石英岩。与下伏寿阳山组整合接触,与上覆谷泉山组平行不整合接触。

▲图22-2 五台娘娘堖滹沱群剖面

▲图22-3 五台娘娘堖滹沱群剖面四集庄组砾岩

▲图22-4 五台娘娘堖滹沱群剖面寿阳山组石英岩

22.3.2 五台谷泉山滹沱群剖面(国家级)

五台谷泉山滹沱群剖面位于五台县阳白乡天池沟村西山至神仙堖(图22-5)。根据《山西省岩石地层》,该剖面为滹沱群谷泉山组、盘道岭组、神仙堖组正层型剖面,1967年由武铁山、徐朝雷创名。谷泉山组厚540m,由长石石英岩、钙质石英岩、石英岩等组成,与下伏五台群绿泥片岩为韧性剪切断层接触,与上覆盘道岭组为整合接触。盘道岭组厚402m,以深灰色千枚岩、含肉红色钙质条纹的青灰色千枚岩为主,夹褐黄色中层结晶灰岩,与下伏谷泉山组整合接触,与上覆神仙堖组整合接触。神仙堖组厚423m,以灰紫色千枚岩、含肉红色钙质条纹的灰紫色千枚岩为主,夹厚层白云岩及少量钙质石英岩。千枚岩中含石盐假晶,与下伏盘道岭组整合接触,与上覆南大贤组整合接触(图22-6)。

▲图 22-5 五台谷泉山滹沱群剖面全景图

▲图 22-6 五台谷泉山滹沱群剖面叠层石

22.3.3　五台郭家寨南大贤组剖面（国家级）

五台郭家寨南大贤组剖面位于五台县阳白乡郭家寨村东北。根据《山西省岩石地层》，该剖面为南大贤组正层型剖面，1967年由武铁山、徐朝雷创名。南大贤组厚度大于548m，由米黄色、浅灰色、白色白云岩、含燧石条带白云岩组成，与下伏神仙垴组整合接触，未见顶（图 22-7）。

22.3.4　五台纹山滹沱群剖面（国家级）

五台纹山滹沱群剖面位于忻州市定襄县河边镇河边村—五台县建安乡阎家脑村。根据《山西省岩石地层》，该剖面为滹沱群青石村组、纹山组、河边村组、建安村组正层型剖面，1964年由白瑾等创名（图 22-8）。青石村组厚度大于994m，由灰紫色、灰绿色、灰黑色千枚岩夹厚层白云岩、石英岩组成，顶部为变基性火山岩，未见底，与上覆纹山组平行不整合接触（图 22-9）。纹山组厚368m，以白云岩为主，下部包括较厚的石英岩、板岩。白云岩含叠层石，板岩细腻均匀，是砚台、石碑的优质原料。与下伏青石村组平行不整合接触，与上覆河边村组平行不整合接触。河边村组厚653m，以白云岩、含燧石条带白云岩为主，富含叠层石，底部夹石英岩及少量板岩，近顶部夹一层变基性火山岩，与下伏纹山组平行不整合接触，与上覆建安村组整合接触（图22-10、图22-11）。建安村组厚598m，由灰绿色千枚岩、条带状千枚岩夹含叠层石的白云岩及薄层铁质石英岩组成，顶部为厚层石英岩，与下伏河边村组整合接触，与上覆大关山组整合接触（图22-12～图22-14）。

▲ 图22-7　五台郭家寨南大贤组剖面

▲ 图22-8　五台纹山滹沱群剖面

▲ 图 22-9　五台纹山滹沱群剖面青石村组板岩

▲ 图 22-10　五台纹山滹沱群剖面河边村组含燧石条带白云岩

▲ 图 22-11　五台纹山滹沱群剖面河边村组变玄武岩

▲ 图 22-12　五台纹山滹沱群剖面叠层石

▲ 图 22-13　五台纹山滹沱群剖面锥叠层石

▲ 图 22-14　五台纹山滹沱群剖面圆柱叠层石

22.3.5 五台东冶槐荫村组剖面(国家级)

五台东冶槐荫村组剖面位于五台县槐荫村。根据《山西省岩石地层》，该剖面为槐荫村组正层型剖面，1964年由白瑾、苏泳军等创名。槐荫村组厚469m，除底部有少量千枚岩外，均为厚层青灰色白云岩，西部地区顶部含两层紫红色具米黄色假鲕的白云岩，顶部白云岩富含叠层石。与下伏大关山组平行不整合接触，与上覆北大兴组整合接触(图22-15、图22-16)。

22.3.6 五台罗家坢北大兴组剖面(国家级)

五台罗家坢北大兴组剖面位于五台县沟南乡刘建村西1km。根据《山西省岩石地层》，该剖面为滹沱群北大兴组正层型剖面，1964年由白瑾、武铁山创名。北大兴组厚1 484m，主要由白云岩、含燧石条带白云岩组成，底部夹两大层紫红色—灰绿色板岩，白云岩富含叠层石，与下伏槐荫村组整合接触，与上覆天蓬垴组整合接触(图22-17、图22-18)。

▲ 图22-15 五台东冶槐荫村组剖面

▲ 图22-16 五台东冶槐荫村组剖面叠层石

▲ 图 22-17　五台罗家坨北大兴组剖面全景图

▲ 图 22-18　五台罗家坨北大兴组剖面叠层石

22.3.7　五台阁子岭天蓬垴组剖面（国家级）

　　五台阁子岭天蓬垴组剖面位于五台县茹村乡阁子岭村。根据《山西省岩石地层》，该剖面为天蓬垴组正层型剖面，1967年由徐朝雷、武铁山创名于五台县城东阁子岭之南的天蓬垴。天蓬垴组厚度大于971m，以灰绿色板岩、黄绿色粉砂质板岩为主，夹白云岩。顶部为紫红色板岩、枣状和串珠状大理岩，与下伏北大兴组整合接触，未见顶（图22-19、图22-20）。

▲图 22-19　五台阁子岭天蓬垴组剖面

▲图 22-20　五台阁子岭天蓬垴组剖面叠层石

22.3.8　五台郭家寨西河里组剖面(国家级)

五台郭家寨西河里组剖面位于五台县阳白乡西河里村。根据《山西省岩石地层》，该剖面为西河里组正层型剖面，1967年由武铁山、徐朝雷创名。该组厚239m，以灰紫色、紫红色板岩、砂质板岩及泥质砂岩为主，底部含不稳定的底砾岩，西部板岩中见雨雹痕，与下伏天蓬垴组角度不整合接触，与上覆黑山背组整合接触(图22-21、图22-22)。

▲ 图 22-21　五台郭家寨西河里组剖面

图 22-22　五台郭家寨西河里组剖面千枚岩

22.3.9 五台雕王山滹沱群剖面（国家级）

五台雕王山滹沱群剖面位于五台县阳白乡石人掌村。根据《山西省岩石地层》，该剖面为黑山背组和雕王山组正层型剖面，1964年由白瑾、武铁山创名。黑山背组厚493m，由长石石英岩、石英岩、含砾石英岩组成，与下伏西河里组整合接触，与上覆雕王山组整合接触。雕王山组厚度大于200m，由白云质胶结的变质砾岩组成，砾石以各种白云岩为主，层理不明显。下部具含砂质胶结的变质砾岩，与下伏黑山背组整合接触，未见顶（图22-23、图22-24）。

▲ 图22-23 五台雕王山滹沱群剖面全景图

▲ 图22-24 五台雕王山滹沱群剖面黑山背组石英岩

第 4 篇　国家矿山公园

23 大同晋华宫国家矿山公园

23.1 公园概况

位　　置：大同市云冈区

地理坐标：东经 113°7′23.80″—113°8′4.05″
　　　　　北纬 40°05′57.97″—40°06′17.05″

面　　积：0.33km²

批准时间：2005 年 8 月

矿业遗迹：矿井、矿业历史

景区划分：大同煤炭博物馆、工业遗址参观区、井下探秘游、仰佛台、晋阳潭、石头村和棚户区

23.2 地质地理概况

大同晋华宫国家矿山公园位于大同市云州区，距大同市区 12.5km，与举世闻名的世界文化遗产——云冈石窟隔河相望，直线距离 168m。地理位置优越，环境清静优美，人文底蕴深厚，交通十分便利，具有丰富的旅游资源和巨大的开发潜力。

公园位于大同煤田东北边缘。该煤田面积约 28.5km²，目前可采储量 $1.5×10^8$t，预计服务 35 年。该地区含煤地层主要为中侏罗统大同组，含煤地层厚度 225m，共含有可采煤层 18 层，目前开采有 7#、9#、11#、12# 煤层，煤质为弱黏煤，煤炭产品是优质动力煤。该地区出露丰富的植物化石及双壳类化石（图 23-1）。

23.3 主要矿业遗迹资源

大同晋华宫国家矿山公园于 2012 年 8 月底全面竣工，9 月 7 日正式揭牌开园。按照规划，矿山公园主要分为"煤炭博物馆""仰佛台""井下探秘游""晋阳潭""工业遗址区""石头村""棚户区遗址"7 大景观区（图 23-2）。

煤炭博物馆：建筑造型来源于煤块、煤粒、煤矸石的组合，位于公园中心位置，总建筑面积 8 000m²，东西长 108m，南北长 45m。煤炭博物馆把有限的馆内空间，利用现代科学技术，将其放大成无限的知识海洋，将煤的形成、开采、利用、煤的文化以及大同煤矿集团有限责任公司（以下简称同煤集团）的辉煌与跨越发展等方面内容一一进行展示（图 23-3、图 23-4）。

仰佛台：为一座发生自燃、污染严重的矸石山通过治理后形成的特有景观，是整个公园的至高点。站在这座矸石山顶上，隔河对岸的云冈石窟全景尽入眼帘，从不同视角感受古老文化的神来之笔。

井下探秘游：是充分利用井下废弃巷道和边角工作面，设计开发的集科学性、知识性、趣味性、探险性于一体的特色旅游项目。井下探秘区距地面直线距离 300m，依次布置 6 个工作面，可供参观面积达 11 500m²。该探秘区以实景还原的手法，将原始开采、普采、高档开采等不同时期的采煤工序、工艺，利用当前煤炭行业最先进的科技手段，在井下现场一一进行展示，让游人在最短的时间内获取最多的

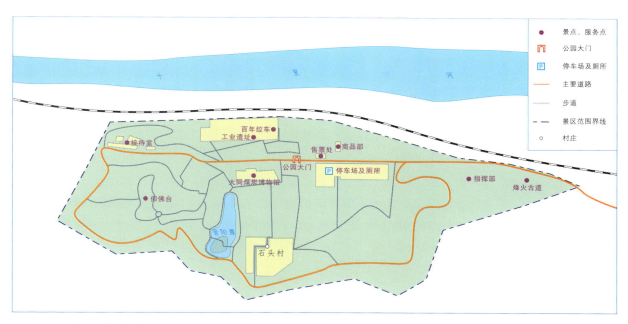

▲ 图 23-1　大同晋华宫国家矿山公园导游图

▲ 图 23-2　晋华宫国家矿山公园全景

▲ 图 23-3　煤炭博物馆

煤炭知识。井下探秘虽然幽深莫测,富有探险性,但经过改造的巷道非常安全,无任何危险(图23-5~图23-7)。

晋阳潭:是依据自然地形人工开凿出来的湖潭,总面积18 000m²,湖面面积12 000m²。晋阳潭承担着晋华宫国家矿山公园的生态系统,是污水处理、循环利用、低碳设计的实例。它提供各种生态服务,是场地自然景观的再现与再生,使场地经历了农业文明、工业文明、最后回归到完整的生态系统,同时留下了历史的符号与记忆,成为一种后工业文明的载体。

工业遗址区:是原核定生产能力120×10⁴t/年的南山井,于2012年6月底实施关闭,完成了它50年的产煤历史使命,作为国家矿山公园工业历史遗迹完整保存。场地内保留的建筑物、厂房布局、生产设备等工业遗迹,不仅让游客可以真实地了解煤矿的生产工艺流程,而且能亲身感受矿工热火朝天的忙碌场景。特别是由采掘机械割煤机滚筒、大型齿轮组件组合而成的"生命之光"及"工业时代"巨型钢铁作品,"矿工万岁"墙悬挂着煤炭系统上至全国劳模下至普通工人的照片,寓意煤矿工人战胜黑暗、挖掘光明的无私奉献精神永垂不朽(图23-8)。

▲图23-4 博物馆模拟井下巷道

▲图23-5 井下探秘游

▲图23-6 开采设备展示

▲图23-7 开采设备展示

石头村：主体是村落，户型布局为民居四合院，正房与偏房高低不同，错落有致，有落差的设计充分吸收了阳光照射，采光效果甚佳，充分展现了矿工的居住习惯。在石头村里，不仅能品尝到中国北方地区特有的风味饭菜，还能欣赏到来自中国许多省份的巨型奇石。

棚户区遗址：位于公园入口公路旁边，是在保留棚户区原貌的基础上，规划设计进行保护建设，让后人通过参观棚户区遗址，了解矿工过去的生活居住情况，永远铭记山西省、大同市以及同煤集团领导对改善矿工居住条件和提升生活品位所做出的努力和贡献。

▲图 23-8　工业遗址区

24 太原西山国家矿山公园

24.1 公园概况

位　　置：太原市万柏林区

地理坐标：东经 112°23′19″—112°26′44″
　　　　　北纬 37°46′21″—37°60′15″

面　　积：3.1km²

批准时间：2010 年 5 月

矿业遗迹：矿井、矿坑、矸石山、层型剖面

24.2 地质地理概况

24.2.1 地理地貌概况

太原西山国家矿山公园距太原市中心15km,位于太原西山白家庄煤矿的东部边缘,北部以鸦崖底断层与虎峪断层为界与杜儿坪井田接壤,西部以三家庄断层为界与官地井田相邻,东邻四岭矿塞沟井田,南邻金胜煤矿和晋源煤矿。公园东北为桃杏村,西南到九院村。白家庄煤矿矿区内有白家庄路与太原市相通,太原市有7路公交车开往官地井田途经白家庄煤矿。白家庄煤矿有运煤铁路专线。太原市西环城高速公路西山入口距白家庄煤矿约5km。

公园海拔达1 000m以上,气候干燥。公园内较大的河流有九院河与高家河,两河平时流量较小,唯雨季时山洪暴发,汇成洪流。

24.2.2 区域地质概况

公园地层属华北地层区中山西分区,地层出露由老到新依次为奥陶系峰峰组,石炭系太原组,二叠系山西组、石盒子组,新生界第四系。公园内未见岩浆活动。

公园地处华北板块山西板内造山带太原西山—盂县块坪,位于一个两翼不对称的复式向斜构造。公园所在区域,中奥陶统上部岩层经历了长期侵蚀与风化作用,形成岩溶和厚度较大的风化壳。海西运动使长期隆起的山西地台大部分下沉,接受了晚古生界至三叠系的沉积物。沉积了石炭系—二叠系的海陆交互相和陆相含煤地层。燕山运动和喜马拉雅运动则形成了如今的基本形态。公园内节理、断层、褶皱和陷落柱等构造现象丰富。

24.3 主要矿业遗迹资源

太原西山国家矿山公园内包括了不同时期建设的矿井,如1号井遗址、2号斜井、白矿南坑、官地段林沟古窑遗址、日军火药库旧址,不同时期建设的矸石山包括官地矸石山、南坑矸石山、日军1号井矸石山、松树沟矸石山与日本侵略中国时期残害中国矿工的万人坑遗址(慰灵碑)。因经历了古代采煤、近现代化的煤电生产,白家庄遗留的采矿遗迹多、历史时间长、内容丰富,流传下来很多传说、故事。矿区大规模开采已近百年历史,现保留有大量的各种珍贵文化资料、文物,矿工用过的各种工具、用品、衣物,纪念币、纪念邮票等,党和国家领导人照片、录像、题词等,历年的国家、省、市矿务局及劳模等英雄榜。前苏联的专家照片、当年报纸照片等。在进行革命传统教育、发扬艰苦奋斗精神、弘扬勤俭创业理念等方面,具有极高的历史、文化和教育价值,在国际矿业发展史上具有重要意义。矿区万人坑遗址、"昌旺林"等为革命传统教育基地,因此具有重要的文化价值。

24.3.1 矿井

1号井遗址:为庆丰窑,是太原麻市街"庆丰当"的掌柜合资办的庆丰公司,于1929年端午节动工兴建,到1929年7月投入生产。后被阎锡珍和他代表的"西北实业公司"仗势收买。当时井深121m,三级到底,井口直径2m,为日军用以疯狂开采资源。现已废弃,矿井被掩埋。

2号斜井:2号井建井工程于1935年1月动工,1936年5月基本竣工。由于2号井为边建井边出煤,到日军占领山西省时,其建设工程并没有全部结束。1962年2月,2号井主斜井贯通使用,原立井改为行人井(罐笼),其井田走向1.5km,倾斜宽3.3m,面积5.7km^2。1966年8月,2号井改称"东风井"。1970年12月28日,恢复原矿名。1972年4月,2号井710主斜井工程动工开凿,到1979年开始出煤。

24.3.2 白矿南坑

1953年10月,由泉龙窑废址重建两坑口,一主一副,开始小南坑的改建工程。1966年8月小南坑改称"胜利井"。1970年12月28日,其恢复原矿名。

24.3.3 官地段林沟古窑遗址

根据有关资料显示,早在公元6世纪,西山煤就已经与其他燃料并用了。唐宋年间是西山地区采煤事业发展较快的时期,官地附近的段林沟古窑为该时期开凿。

24.3.4 日军火药库旧址

日军火药库旧址位于高家河,分为大小两口窑,相隔5m。大窑存放炸药,小窑存放雷管。其旁边为官地段林沟古窑遗址。

24.3.5 矸石山

矸石山包括官地矸石山、南坑矸石山、日军1号井矸石山、松树沟矸石山等。

官地矸石山:官地矿排放矸石和排土场地,排放场地在山坡上方,呈圆形排放,为两级排放场。

南坑矸石山:南坑矿排放矸石和排土场地,其山顶顺山坡而下,分为两级排矸石,并在底部有一挡土墙。

日军1号井矸石山:位于1号井北面山沟里。矸石大部分为日军掠夺西山煤炭时遗留下来的,矸石呈梯形分布,分为4个台阶,堆厚达10m。

24.3.6 太原七里沟太原组剖面(国家级)

太原七里沟太原组剖面位于太原市万柏林区大虎沟街道七里沟,为太原组正层型剖面。太原组最早称为太原系,由翁文灏和Grabau(1923)创名,武铁山等(1997)经过地层对比研究,将其定为太原组。该剖面自下而上出露本溪组、太原组、山西组和石盒子组(图24-1)。

▲图24-1 太原七里沟太原组剖面

24.4 人文景观资源

矿山公园内与矿业活动有关的人文景观包括日军军官居住旧址、阎锡珍及日军办公场所旧址(石头窑)、日军矿工区旧址、日军慰安所旧址、日军变电所旧址、日军碉堡(7个)、日军锅炉房烟囱遗址、日军戏台子、日军火药库旧址、官地段林沟古窑遗址、大仙殿、2号斜井、白矿南坑、昌旺林、日军1号井排水沟、日本建筑、日军两排窑、西山矿务局首座办公楼、奶奶庙、老君庙、和谐寺、尧舜禹庙、三官庙等。

附表　山西地质公园简表

类型	序号	名　称	面积(km²)	主要地质遗迹类型
国家地质公园	1	黄河壶口瀑布国家地质公园(山西)	26.89	瀑布、河流景观带、断裂
	2	宁武冰洞国家地质公园	315.14	层型(典型剖面)、古动物化石产地、碳酸盐岩地貌、侵入岩地貌、湖泊、泉、夷平面
	3	五台山国家地质公园	466	层型(典型剖面)、夷平面、不整合面、峡谷、褶皱与变形、典型矿床类露头、泉、碳酸盐岩地貌、崩塌
	4	壶关太行山大峡谷国家地质公园	148.4	峡谷、层型(典型剖面)、碳酸盐岩地貌、崩塌
	5	大同火山群国家地质公园	129.8	火山机构、火山岩地貌、层型(典型剖面)
	6	陵川王莽岭国家地质公园	62.12	碳酸盐岩地貌、峡谷
	7	平顺天脊山国家地质公园	174	峡谷、碳酸盐岩地貌、河流景观带、瀑布
	8	永和黄河蛇曲国家地质公园	105.61	河流景观带、碎屑岩地貌、黄土地貌
	9	榆社古生物化石国家地质公园	72.13	古动物化石产地、层型(典型剖面)
	10	右玉火山颈群国家地质公园	185.11	火山机构、火山岩地貌
省级地质公园	11	临县碛口省级地质公园	66.16	碎屑岩地貌、黄土地貌
	12	泽州丹河蛇曲谷省级地质公园	56.7	河流景观带、泉、碳酸盐岩地貌
	13	沁水历山省级地质公园	90	碳酸盐岩地貌、崩塌、夷平面、古人类化石产地、峡谷
	14	阳城析城山省级地质公园	167.4	峡谷、碳酸盐岩地貌、碎屑岩地貌、断裂
	15	灵石石膏山省级地质公园	71.61	峡谷、飞来峰、断裂
	16	永济中条山水峪口省级地质公园	94.05	碳酸盐岩地貌、峡谷、层型(典型剖面)、碎屑岩地貌、瀑布
	17	隰县午城黄土省级地质公园	29.96	层型(典型剖面)、黄土地貌
	18	原平天涯山省级地质公园	27.2	侵入岩地貌、河流景观带、峡谷
	19	襄垣仙堂山省级地质公园	20.73	碳酸盐岩地貌、瀑布
化石集中产地	20	长子国家级重点保护木化石集中产地	13	古植物化石产地
	21	宁武国家级重点保护肯氏兽-硅化木集中产地	20.95	层型剖面、古动物化石产地、古植物化石产地
	22	五台山国家级重点保护滹沱系叠层石集中产地	34.01	层型(典型剖面)、古生物遗迹化石产地
	23	榆社国家级重点保护古生物化石集中产地	95.02	古动物化石产地、层型(典型剖面)
矿山公园	24	大同晋华宫国家矿山公园	0.33	矿业遗迹
	25	太原西山国家矿山公园	3.1	矿业遗迹

注:序号9、序号23为正文中第9章内容

附图　山西省地质公园分布图

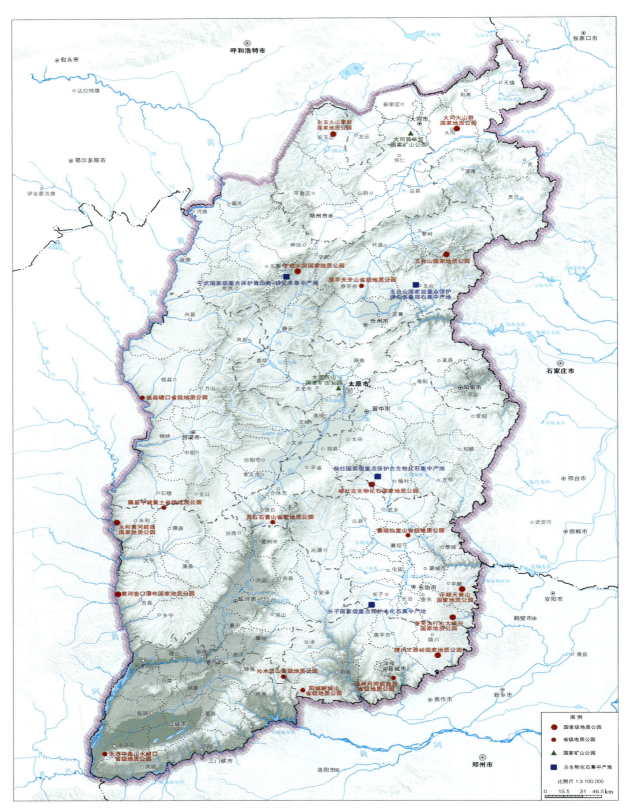

注：底图引自李屹峰等编著《山西省重要地质遗迹》图 1-3，原图审图号：晋 S(2017)051 号

主要参考文献

安卫平，苏宗正.山西大同火山地貌[J].山西地震，2008(1):1-5.
北京市国土资源局.造化钟神秀:北京地质遗迹[M].北京:中国大地出版社,2008.
陈晋镳,等.华北区区域地层[M].武汉:中国地质大学出版社,1997.
崔正森.五台山六十八寺[M].太原:山西科学技术出版社, 2003.
崔仲坤.山西省前寒武纪火山岩[R].太原:山西省地质矿产局区域地质调查队,1984.
邓广华,等.山西旅游地质[M].北京:地质出版社,2007.
方建华,张忠慧,章秉辰.河南省地质遗迹资源[M].北京:地质出版社,2014.
耿元生,杨崇辉,宋彪,等.吕梁地区18亿年的后造山花岗岩:同位素年代和地球化学制约[J].高校地质学报，2004，10(4):477-487.
贡凤文.山西的寒武系[R].太原:山西省地质矿产局区域地质调查队一分队,1978.
贵州省国土资源厅.多彩贵州·地质公园[M].贵阳:贵州出版集团:贵州人民出版社,2017.
河南省地质调查院.山西壶关峡谷国家地质公园规划专项研究报告[R].郑州:河南省地质调查院,2010.
湖北省国土资源厅.湖北省地质公园[M].北京:地质出版社,2012.
湖北省国土资源厅.湖北省地质遗迹[M].北京:地质出版社,2010.
湖南省国土资源厅.湖南地质公园[M].北京:地质出版社,2012.
晋中市宏宇地矿咨询有限公司.山西灵石石膏山省级地质公园规划专项研究报告[R].晋中:晋中市宏宇地矿咨询有公司,2011.
晋中市宏宇地矿咨询有限公司.山西省沁水历山省级地质公园规划专项研究报告[R].晋中:晋中市宏宇地矿咨询有公司,2012.
晋中市宏宇地矿咨询有限公司.山西省隰县午城黄土省级地质公园规划专项研究报告[R].晋中:晋中市宏宇地矿咨询有公司,2014.
晋中市宏宇地矿咨询有限公司.山西省襄垣仙堂山省级地质公园综合考察报告[R].晋中:晋中市宏宇地矿咨询有公司,2017.
晋中市宏宇地矿咨询有限公司.山西省阳城析城山省级地质公园规划专项研究报告[R].晋中:晋中市宏宇地矿咨询有公司,2012.
晋中市宏宇地矿咨询有限公司.山西永济中条山水峪口省级地质公园规划专项研究报告[R].晋中:晋中市宏宇地矿咨询有公司,2014.
李屹峰,雷勇,张炜.山西省重要地质遗迹[M].武汉:中国地质大学出版社,2017.

李意.山西硫铁矿床的类型划分[J].华北地质矿产杂志,1996(3):151-152.

陵川县人民政府.山西陵川王莽岭国家地质公园规划专项研究报告[R].晋城:陵川县人民政府,2012.

刘金山.广州市地质遗迹研究[M].北京:地质出版社,2008.

吕恩茂.山西的前五台系[R].太原:山西省地质矿产局区域地质调查队,1982.

穆书汉.山西省超基性岩[R].太原:山西省地质矿产局区域地质调查队一分队,1983.

山东省国土资源厅.山东地质公园(上册、下册)[M].济南:山东省地图出版社,2016.

山西省地质调查院.山西宁武冰洞国家地质公园规划[R].太原:山西省地质调查院,2010.

山西省地质调查院.山西五台山国家地质公园规划专项研究报告[R].太原:山西省地质调查院,2012.

山西省地质遗迹保护事务中心.山西长子国家级重点保护古生物化石集中产地保护规划[R].太原:山西省地质遗迹保护事务中心,2018.

山西省地质遗迹保护事务中心.山西宁武国家级重点保护古生物化石集中产地保护规划[R].太原:山西省地质遗迹保护事务中心,2018.

山西省地质遗迹保护事务中心.山西省五台山国家级重点保护滹沱系叠层石集中产地调查报告[R].太原:山西省地质遗迹保护事务中心,2013.

山西省地质遗迹保护事务中心.山西原平天涯山省级地质公园规划专项研究报告[R].太原:山西省地质遗迹保护事务中心,2018.

山西省国土资源厅.山西地质遗迹[M].北京:中国大地出版社,2003.

石家庄经济学院.山西临县碛口省级地质公园规划专项研究报告[R].石家庄:石家庄经济学院,2011.

石家庄经济学院.山西平顺天脊山国家地质公园规划专项研究报告[R].石家庄:石家庄经济学院,2013.

太原理工大学.大同火山群国家地质公园综合考察报告[R].太原:太原理工大学,2013.

太原理工大学.山西右玉火山颈群国家地质公园综合考察报告[R].太原:太原理工大学,2017.

太原理工大学.山西泽州丹河蛇曲谷省级地质公园规划[R].太原:太原理工大学,2011.

太原理工大学.太原西山C—P标准剖面地质遗迹保护可行性研究报告[R].太原:太原理工大学,2013.

陶奎元,等.火山地质遗迹与地质公园研究[M].南京:东南大学出版社,2015.

田明中,等.天造地景—内蒙古地质遗迹资源[M].北京:中国旅游出版社,2012.

王柏林,张志存.山西的石炭系[R].太原:山西省地质矿产局区域地质调查队,1983.

王长水,等.黑龙江地质遗迹博览[M].上海:上海大学出版社,2013.

王立新.山西的三叠系[R].太原:山西省地质矿产局区域地质调查队,1983.

王守义,阎还中.山西的侏罗系及白垩系.1984.

王兴武,喻正麒,郭立卿,等.山西的晚新生代地层[R].太原:山西省地质矿产局区域地质调查队,1983.

武国辉,等.贵州地质遗迹资源[M].北京:冶金工业出版社,2006.

武铁山,等.山西岩石地层[M].武汉:中国地质大学出版社,1997.

武铁山,吕华荣,李忠和.山西省前寒武纪花岗岩[R].太原:山西省地质矿产局区域地质调查队,1984.

武铁山,吕华荣,李忠和.山西省中生代碱性偏碱性侵入岩[R].太原:山西省地质矿产局区域地质调查队,1983.

武铁山,吕华荣,李忠和.山西省中生代中酸性侵入岩[R].太原:山西省地质矿产局区域地质调查队,1983.

武铁山.山西的奥陶系[R].太原:山西省地质矿产局区域地质调查队,1978.

武铁山.山西的震旦系[R].太原:山西省地质矿产局区域地质调查队,1978.

肖素珍,靳俊奎.山西的二叠系[R].太原:山西省地质矿产局区域地质调查队,1982.

徐朝雷,徐有华,张忻.山西省五台系[R].太原:山西省地质矿产局区域地质调查队,1983.

徐朝雷.山西的滹沱系(上)[R].太原:山西省地质矿产局区域地质调查队,1978.

徐朝雷.山西的滹沱系(下)[R].太原:山西省地质矿产局区域地质调查队,1978.

杨国礼.山西的下第三系[R].太原:山西省地质矿产局区域地质调查队一分队,1983.

张国宁,等.太原市志(第一册)[M].太原:山西古籍出版社,1999.

张兴辽,等.河南省古生物地质遗迹资源[M].北京:地质出版社,2011.

中国地质大学地质公园(地质遗迹)调查评价研究中心.黄河壶口瀑布国家地质公园(山西)规划专项研究报告(2011—2025)[R].北京:中国地质大学(北京),2012.

中国地质环境监测院.山西永和黄河蛇曲国家地质公园规划专项研究报告(2012—2025)[R].北京:中国地质环境监测院,2012.

周宝和.山西省基性侵入岩[R].太原:山西省地质矿产局区域地质调查队,1983.